워스트 WORST
첨가물 添加物

워스트 WORST
첨가물 添加物

이것만큼은 멀리해야 할
인기 식품 구별법

나카토가와 미츠구 지음
박수현 옮김

| 시작하며

미리 말해두지만, 이 책은 '첨가물을 무조건 멀리하라'라고 주장하는 책이 아닙니다.

현대 사회에서 첨가물을 전부 멀리하기는 시간적으로도 경제적으로도 어렵기 때문입니다.

출판사 사장님이 '워스트(worst) 첨가물(添加物)'이라고 제목을 붙여서 첨가물을 비판하는 책인 줄 알았을지도 모르겠습니다. 비판적인 독자 서평이 줄줄이 달릴지도 모릅니다. 내용을 제대로 읽지 않은 사람이 '증거도 없고 거짓투성이인 사이비 과학책'이라든가 '일일 섭취 허용량도 모르나? 양의 개념도 없이 그저 첨가물은 위험하다고 소비자의 불안을 부추기는 책', '리스크가 전혀 없을 수는 없잖아! 이런 책만 믿고 따라 했다가는 편의점에서 살 게 없을 거야'라고 쓰지 않을까요? 뭐, 이해합니다. 저도 나라에서 인가한 첨가물은 상식적인 양만 섭취한다면 인체에 영향을 미치지 않는다고 생각합니다.

그래도 식품첨가물은 가능한 한 멀리해야 한다고 생각합니다. 첨가물이 위험해서가 아닙니다. 몸에 들어온 첨가물에 대응하느라 체내의 미네랄과 비타민 등 영양소가 소모되기 때문입니다. 그러면 영양 부족으로 인한 신형 영양실조로 병에 걸리고 맙니다. 충분한 영양을 섭취하는 사람이라면 몰라도 외식이 잦은 사람, 스트레스를 받는 사람, 운동이 부족한 사람, 수면이 부족한 사람 등 현대에 흔한 이런 사람들은 영양이 부족한 식생활을 하고 있으니 첨가물에 주의하고, 식품 표시를 꼼꼼히 살펴보자는 이야기를 하고자 합니다.

몇몇 첨가물은 소비자들이 몸에 좋다고 생각해서 먹고 있음에도 오히려 건강에 악영향을 주는 것으로 보고되었습니다. 건강을 생각해서 먹는데 오히려 건강이 나빠진다면 기분 나쁘겠지요. 이 책에서는 그런 식품을 구별하는 방법도 다룹니다.

유기농을 고집하며 완전 무첨가를 지향하는 사람은 '더 과격하게 첨가물을 비판하는 책인 줄 알았는데 실망스럽네' 하고 실망할지도 모릅니다. 그렇지만 첨가물에 부정적인 사람은 애초에 편의점이나 마트가 아닌 자연식품점(자연에 가까운 환경에서 키운 자연식품이나 이러한 재료를 이용하여 식품첨가물 등을 쓰지 않고 만든 가공식품을 전문으로 취급하는 곳을 말함)에 갈 테니 상관없습니다.

저는 첨가물이 조금 걱정되기 시작한 사람들이 '편의점에서 과자를 산다면 이게 나을까?', '마트에서 파는 두부 중에서 고르라면 이 제품이 좋을까?' 이런 판단을 하는 데 도움을 주고 싶습니다.

당장 최선의 제품을 추구하지 않아도 됩니다. 우선은 조금 더 나은 상품을 고르는 방법만 알아도 마트에서 장보기가 더 즐거워질 것입니다. 이 책 역시 즐겁게 읽어 주시기를 바랍니다.

나카토가와 미츠구

차례

제4장 가공식품 고르는 법

제 1 장

일본 어디에나 가짜 식품으로 가득하다?!

무심코 속는 가짜 상품들

본론으로 들어가기 전에 편의점과 마트에서 파는 '달걀과 비슷한 무엇'을 소개하겠다. 아래는 세븐일레븐이 2019년에 출시한 '카르보나라 파스타❶' 사진이다. 한가운데에 달걀노른자 같은 것이 올려져 있는데, 식품 표시의 맨 아래쪽을 보면 '가운데에 올려진 달걀노른자 같은 것은 달걀이 아닙니다'라는 내용의 문구가 있다. '그럼 넌 누구냐!' 싶다(웃음).

궁금한 마음에 이 제품을 사 와서 프라이팬에 옮겨 담았다. 그리고 진짜 달걀노른자와 나란히 놓고 가열하자 과연 가짜 쪽은 빠르게 부글부글 녹아내렸다❷. 편

❶ 카르보나라 파스타
❷ 달걀노른자 같은 것, 달걀노른자
❸ 키마 카레

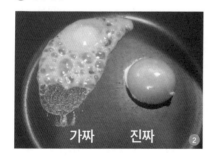

가짜　　진짜

의점에 설치된 와트 수가 높은 전자레인지로 가열했을 때 폭발하지 않도록 그럴싸하게 만든 가짜 노른자(노른자 가공품)였다.

마찬가지로 패밀리마트가 2022년에 출시한 '키마 카레❸'에도 노른자 가공품이라고 적혀 있다. 그뿐만 아니라 마트에서 파는 '스태미나 돼지덮밥❹'에도 들었다. 다들 당연히 노른자인 줄 알고 먹었을 것이다. 이러한 업소용 노른자 가공품은 놀랍게도 라쿠텐 등 친숙한 온라인몰 사이트에서 '하프 달걀(반숙 스타일)❺'이라는 이름으로 판매되고 있어 누구나 쉽게 살 수 있다. 2022년 가을에 패스트푸드업계 각 사에서 '달맞이 버거'를 판매했는데, 한 유튜버의 가열 실험에 따르면 가열해도 노른자가 굳지 않는 반숙란이 든 제품도 있었다고 한다. 동영상을 보면 맥도날드만 진짜 달걀이었고, 롯데리아, KFC, 모스버거는 '가짜 달걀(卵加工品)'을 사용했다. 맥도날드가 제일 별로라고 생각했던 사람은 다소 반성해야겠다(웃음). 요

❹ 이거다! 스태미나 돼지덮밥
❺ 하프 달걀 (반숙 스타일)

즘 세상에서는 알게 모르게 첨가물로 가득한 식품을 먹는다.

당신은 무엇을 보고 상품을 고르겠는가?

나는 원재료 표시를 보고 고른다.

따라서 원재료 표시가 없는 햄버거 체인점이나 패밀리 레스토랑에서는 불안한 마음이 든다. 차라리 원재료 표시가 있는 편의점 도시락이 안심된다.

가짜는 아니지만 착각하기 쉽다는 점에서 다음 상품들을 소개하고자 한다.

❻은 2015년에 판매하던 '시만토가와(시코쿠지방에 속한 곳)산(産) 민물김 소스가 든 낫토'다. 콩이 시만토가와, 즉 시코쿠산 콩인가 싶었는데 아니다. 수입 콩이었다. 그렇다면 제조 공장이 시코쿠에 있나 싶었지만, 그것도 아니다. 도치기현(간토지방에 속한 곳)에서 제조했다. 무엇이 시만토가와산인가 하면 소스에 든 '민물김'이 그렇다. 그럼 '민물김 풍미'가 느껴져 맛있겠네! 싶었는데

깔끔한 소엽 풍미
시만토가와산 민물김 소스 낫토

부드럽고 윤기 도는 밥

복숭아 / 이로하스 / 천연수 사용

16

그것도 아니었다. '소엽 풍미'라고 적혀 있다(웃음).

❼은 즉석밥 '부드럽고 윤기 도는 밥'이다. '곡창지대 우오누마의…'라는 문구에 우오누마산 쌀인가? 했는데 아니다.

유심히 읽어 보니 '곡창지대 우오누마의 천연수로…'라고 적혀 있다. 우오누마의 물로 밥을 지었을 뿐이다(웃음).

❽은 청량음료수 '이로하스 복숭아'다. 라벨 우측 상단에는 '야마나시현산 백도', 그 아래에는 '무(無)과즙'이라고 적혀 있다. 무과즙이라면 복숭아 산지는 아무래도 좋지 않은가(웃음).

❾는 '무려 1조 유산균'이라는 음료다. 온라인몰 사이트에서 '요구르트 100개 분량'이라고 내세우는데, 원재료 표시를 보면 '유산균 분말(살균)'이라고 되어 있다. 유산균은 이미 죽었다(웃음). 죽은 유산균도 건강에 도움은 되지만, 요구르트 100개 분량이라고 쓰여 있으면 왠지 살아 있는 유산균을 섭취할 수 있을 것만 같다.

착각하지 않도록 식품 표시를 주의 깊게 읽자!

❾ 한 병에 1조 유산균. 요구르트 100개 분량!

이제는 첨가물이 필수품!?

'식품첨가물'이라고 하면 어떤 생각이 드는가?

'건강에 무해하고 후생노동성에서도 허가했으니 안전하잖아요?' '마트나 편의점에서 파는 가공식품에는 거의 다 첨가물이 들어서 피할 도리가 없으니 그냥 신경 안 써요' 이 같은 사람이 대부분이고, '아이가 어려서 될 수 있으면 첨가물이 적은 것을 골라요' '첨가물이 몸에 나쁘다고 하니 저희는 무첨가나 유기농 제품을 고집하죠' 등 각자 의견이 다를 것이다.

바쁜 현대인에게 첨가물이 든 식품은 매일 편리하고, 싸고, 맛있다는 삼박자를 갖춘 간편한 식사를 하기 위한 어쩔 수 없는 선택일 수도 있다. 그렇지만 한 걸음 더 나아가 우리의 건강을 생각해보자. 몸을 만드는 데는 물과 식사가 필요하다. 우리가 먹은 것으로 몸이 만들어진다. 매일 체내에서 모든 대사가 이루어져야 생명을 유지할 수 있다. 그 생명이 다음 세대로 이어진다.

나는 다양한 식품 제조사에서 일하며 식품첨가물에 의한 폐해와 제조업에 종사하는 사람으로서의 책임을 절실히 느꼈다.

일본에서는 첨가물과 농약 모두 '명백한 위험성'이 없는 한 사용을 금지하지 않는다. 반면 유럽 국가들에서는 '명백한 안전성'이 없는 한 사용할 수 없다. 그 차이는 크다. 모두가 확실한 정보를 제대로 알아두어야 한다.

그럴 때 필요한 것이 이 책이다.

편의점 도시락은 첨가물이 많이 든 것으로 유명한데, 마트에서 파는 반찬과 패밀리 레스토랑에서 나오는 점심 메뉴도 그에 못지 않다.

완성된 가공식품만 봐서는 어떤 첨가물이 들었는지 알 수 없다. 뒷면의 식품 표시를 봐도 생략하거나 일괄표시하는 등 얼마든지 숨길 수 있는 규칙이 존재한다. 안전해 보이는 첨가물 이름 뒤에 위험한 첨가물이 숨어 있는 경우도 종종 있다. 즉, 얼마든지 '무첨가'를 가장할 수 있다.

그런데 왜 첨가물을 멀리해야 할까?

첨가물의 폐해로 '발암성' '알레르기성' '유전독성'을 비롯하여 최근에는 뒤에 다룰 신형 영양실조와도 관계가 있다고 여겨지는 '장내 세균에 미치는 악영향' '미네랄 부족' 등이 있으며, 즉시 발병하는 것은 물론이고 10년, 20년 후에 나타날 위험성도 우려된다. 특히 어린아이에게 어떤 영향을 미칠지 짐작할 수 없다는 의견도 있다.

하나하나는 미량이라도 도시락 한 개에 150~200가지 첨가물이 들었다고 하면 주춤하게 되지 않는가? 다만 첨가물 천국인 일본에서 이러한 첨가물을 철저히 멀리하기에는 금전적으로나 정신적으로도 부담이 상당히 크다.

따라서 될 수 있으면 이것만큼은 멀리하라는 워스트 첨가물을 제안하고자 한다.

이에 관해서는 제3장에서 자세히 다루기로 하고, 그에 앞서 마트에서 파는 식품의 문제점부터 이야기하겠다. 그동안 계속 이야기했듯이 첨가물의 큰 문제점은 신체에 '미네랄 부족'을 초래한다는 점이다. 따라서 최대한 첨가물의 폐해를 줄이고 어떻게든 '미네랄 보충'을 하면 좋다.

첨가물을 섭취한다고 해서 당장 건강에 영향을 주지는 않더라도 일단 섭취하면 이를 분해, 대사, 해독하는 데에 체내 미네랄이 필요하며, 이에 상당량을 소모하게 된다. 몸은 화학물질인 첨가물, 즉 불필요한 성분을 해독하여 배출하고자 한다. 그 과정에서 중요한 미네랄을 사용한다. 따라서 미네랄을 보충하여 섭취함으로써 첨가물로 가득한 음식을 먹어도 그로 인한 악영향을 최소화할 수 있다.

나는 평소에 만사 귀찮을 때면 컵라면에 삶은 달걀을 넣거나, 말린 멸치 가루를 뿌리거나, 채소 주스를 함께 마시며 미네랄을 보충한다.

지방으로 출장을 가면 편의점 도시락과 함께 아몬드멸치나 첨가물이 적은 등푸른생선 통조림을 고른다. 미네랄은 언제 어디서나 보충할 수 있다.

그럼 먼저 마트에서 파는 식품의 문제점인 무첨가 표시와 건강 식품의 거짓에 대해 살펴보겠다.

무첨가의 거짓

2022년 일본 소비자청이 책정한 '식품첨가물 미사용 표시에 관한 가이드라인'에 따라 더는 '무첨가' '합성착색료 미사용' '인공감미료 미사용' '화학조미료 미사용' 등과 같은 표기를 할 수 없게 되었다. 지금까지 무심히 '무첨가'가 좋겠지 싶어 사던 사람도 이제는 어떤 것이 '무첨가'인지 한눈에 알 수 없게 되었다. 소비자는 알아보기 어렵다고 느낄 수도 있을 테고, 단체 중에는 기껏 신념을 지키며 '무첨가' 식품을 만들고 있는데도 이를 표시할 수 없어 가이드라인에 이의를 제기하는 곳도 있다. 즉, 식품 뒷면에 있는 표시를 제대로 보지 않으면 '무첨가'를 판별할 수 없게 되었다.

그래서 난처한가? 그래, 난처한 사람도 있을 것이다. 하지만 나는 오히려 잘된 것 같다. 지금까지 애매한 무첨가 표시가 너무 많아 보였다.

'무첨가' '미사용'이니 안전한 식품이라고 믿거나, 첨가물이 들어 있으니 위험하다고 안이하게 생각하던 사람도 이제는 식품 뒷면의 원재료 표시를 꼼꼼히 살펴보지 않으면 그 식품이 정말 '안심하고 먹을 수 있는 것'인지 아닌지 알 수 없다.

그런데도 사람들은 대부분 '무첨가' 문구만 보고 '안전하다'고 여기며 바로 카트에 담는다. '무첨가'에는 진짜 식자재로만 만든 것과 그렇지 않은 것이 있다.

원재료 표시 보는 법을 알고 소비자 개개인의 책임하에 식품을 선택하면 건강하고 즐거운 식생활로 이어진다.

이번 가이드라인 변경은 식생활의 의미를 다시 한번 생각해 볼 좋은 기회가 아닐까?

먼저 식품첨가물에 대하여 간단히 짚고 넘어가자.

식품첨가물이란 나라에서 정한 '지정첨가물' '기존첨가물' '천연향료' '일반음식첨가물'을 말한다. 그중에서 자주 문제시되는 것은 합성첨가물(지금은 천연첨가물도 존재한다)을 비롯한 '지정첨가물'이다. 한편 '기존첨가물' '천연향료' '일반음식첨가물'은 천연 소재에서 비롯되었으며, 역사도 길어서 비교적 위험이 적은 첨가물로 여겨진다.

'무첨가' 표시는 이러한 '식품첨가물'로 지정된 첨가물이 들어 있지 "않다"라는 뜻이다. 하지만 '식품첨가물'로 지정되지 않았어도 몸에 부담을 주는 '식품 취급 첨가물'이나 각 첨가물의 대용품을 사용한 상품도 정말 많다.

즉, '무첨가'의 허점은 첨가물 표시의 허점이기도 하다.

그중에서도 특히 다음의 두 가지 '식품 취급 첨가물'은 주의했으면 한다.

단백가수분해물

일명 아미노산액이라고도 하는 '단백가수분해물(蛋白加水分解物)'은 많은 '무첨가' 표시 상품에 들었다. 콩, 옥수수, 밀 등 식품 소재를 이용하여 만드는 인공적인 감칠맛 조미료다. 그러나 구체적으로 무슨 단백질인지 불분명(표시 의무 없음)하며, 천연 소재에서 비롯되었다고 해서 안전하다는 뜻은 아니다. '단백가수분해물'이란 토막을 낸 단백질을 다져서 이루어진 화학조미료(글루탐산나트륨 등)보다 분자량과 분해 정도가 어중간하여 위(胃)에서도 소화되지 않고, 장(腸)에서 염증이 난 부분으로 불법 침입하여 알레르기 증상을 일으키기도 한다. 소화가 잘되는 사람은 문제없지만, 지병이 있거나 소화력이 약한 사람은 특히 주의해야 한다.

참고로 '단백가수분해물'이 화학조미료보다 무섭다는 사실은 이미 15년도 전에 밝혀졌다.

단백질을 산(酸)으로 가수분해할 때 발생하는 불순물에 발암물질이 포함되는 일도 있기 때문이다. '화학조미료 미사용'이라고 표시했어도 첨가물로 취급하는 감칠맛 조미료를 사용하지 않았을 뿐이다. 단백 가수분해물을 사용했다면 식품으로 취급하는 인공적인 감칠맛 조미료를 '사용했다'고 볼 수 있다.

효모 추출물

효모 추출물에 대해서도 간단히 설명하겠다(자세한 내용은 127페이지 참조).

효모 추출물에는 자연적인 방법으로 만든 제대로 된 것과 화학 조미료를 쏙 빼닮은 것이 있다. 그런데 전부 '효모 추출물'로 표시하여 원재료 표시만 봐서는 어느 쪽인지 판단할 수 없다.

화학조미료를 쏙 빼닮은 효모 추출물 중에서 글루탐산나트륨이 함유된 것을 '화학조미료 미사용 제품을 만들면서도 화학조미료 같은 강한 감칠맛을 내고 싶을' 때 사용한다.

그렇다면 '효모 추출물' 표시가 있는 상품을 전부 멀리하면 되지 않을까 싶겠지만, 효모 추출물은 첨가물이 아니어서 다양한 원재료 표시 속에 숨어 있다.

예를 들어 '다시마 추출물' '가다랑어포 추출물' 표고버섯 추출물' '육수(밀·대두 포함)' 등과 같은 표시 뒤에 효모 추출물이나 단백가수분해물이 숨어 있을 수도 있다.

내가 '미각파괴 트리오'라고 명명한 '화학조미료'와 '효모 추출물'과 '단백가수분해물', 이 세 가지는 가공식품에 많이 사용되는 인공적인 감칠맛을 내는 조미료이다. 이 중에서 화학조미료는 첨가물이므로 표시가 면제되는 일 없이 대부분 '조미료(아미노산 등)'이라고 표기되는데, 식품 취급하는 효모 추출물과 단백가수분해물은 표시를 면제받는 경우가 많다.

그 밖에 쇼트닝, 마가린, 액상과당 등은 식품 취급하지만, 조금 걸리는 것들도 있다. '엄격한 기준에 따라 안심할 수 있는 식품을 추구하는 사람'은 전부 멀리해야겠지만, 그렇게 예민하게 굴 필요는 없다. 이들 '식품 취급 첨가물'에 대해서는 제3장에서 자세히 다루기로 하고, 여기서는 여하튼 이 두 가지만 주의했으면 한다.

실제로 식품표시법에 따라 얼마든지 첨가물을 숨길 수 있어서 (29페이지 참조) 식품 표시만 봐서는 정확하게 파악할 수 없는 첨가물을 사용하는 일이 많은 실정이다. '단백가수분해물' '효모 추출물'은 원재료 표시로 구분하기 어렵지만, 화학조미료와 마찬가지로 인공적인 감칠맛 조미료라는 사실을 알아두자(122페이지도 참조).

소비자청 가이드라인에서 '인공' '합성' '화학' '천연'과 첨가물을 조합한 용어는 부적절하다는 지침이 제시되었다. 이제 '인공감미료' '합성보존료' '천연착색료'와 같은 용어는 사용할 수 없게 된다. 마찬가지로 이제는 '화학조미료'라는 용어도, '화학조미료 미사용' 이라는 표기도 부적절하다.

앞으로 화학조미료 미사용을 내세우고 싶다면, '조미료(아미노산) 미사용'이라고 표기하게 될 듯하다. 동시에 가이드라인에서 화학조미료와 비슷한 역할을 하는 감칠맛 조미료인 '단백가수분해물'이나 '효모 추출물'을 사용하며 '조미료(아미노산) 미사용'이라고 표시하는 것은 부적절하다는 내용의 지침도 제시되었다. 따라서 앞으로는 '○○ 미사용' 같은 표시 자체가 줄어들 것 같다.

지금은 '무첨가' 표시가 있어도 실제로는 첨가물이 들었다.

다음으로 착색료와 보존료도 '미사용'으로 표시된 상품들이 눈에 많이 띄는데, 이 또한 주의해야 한다.

'합성착색료 미사용'의 진실

착색료에는 화학합성으로 만들어지는 '합성착색료'와 동식물로부터 비롯된 '천연착색료'가 있다. '합성착색료'는 석유로 만든 첨가물이며 타르 색소의 위험성에 대해서도 많이 들어봤을 텐데, 천연착색료에도 멀리해야 할 것이 있다(104페이지도 참조).

코치닐 색소인 카민산과 락 색소는 천연착색료이지만, 깍지벌레를 으깬 체액이므로 이로 인한 알레르기성이 문제시되고 있다. '벌레라니 징그러워!' 싶겠지만, 새빨간 립스틱에도 합성착색료와 카민산 색소가 들었다.

앞서 이야기했듯이 소비자청 가이드라인에서 '인공' '합성' '화학' '천연'과 첨가물을 조합한 용어는 부적절하다는 지침이 제시되며 '화학조미료'는 물론이고 '합성착색료'와 '천연착색료' 표기도 부적절해졌다. 이제는 적색 102호라든지 코치닐 색소처럼 물질명을 알아두어야 한다.

'합성보존료 미사용'의 진실

'보존료 미사용'이라는 표기도 자주 볼 수 있다. 보존료는 식품의 부패와 풍미가 나빠지는 원인인 미생물의 증식을 억제하고 보존성을 높이는 첨가물이다.

특히 최근에는 편의점에서도 '보존료 및 착색료 미사용'이라고 광고하는데, '보존료' 대신 '보존기간 향상제'를 넣는다.

예를 들면 글리신, 아세트산나트륨, 비타민 B_1 등이 그렇다. '글리신'도 흔한 아미노산인데 잔뜩 넣으면 미생물의 증식을 억제할 수 있다.

세 가지 모두 그다지 위험하지 않지만, 그래도 '보존기간 향상 제'다. 보존료만큼 효과가 있다면 한 종류만 쓸 수 있겠지만, 각각 의 효과가 약해서 세 종류를 동시에 사용하기도 한다(108페이지 도 참조).

소비자청 가이드라인에서 보존기간 향상제를 사용한 식품에 '보존료 미사용'이라고 표기하는 것도 부적절하다는 지침이 제시 되었다. 그래서 앞으로는 '보존료 미사용' 표기 역시도 점점 줄어 들 것이다.

결국 '합성착색료 미사용, 보존료 미사용, 화학조미료 미사용' 과 같은 무첨가 표시가 있어도 '식품 취급 첨가물'이 들어 있을 수 있으므로, 충분히 주의하여 식품 표시를 꼼꼼하게 보는 습관을 들 여야 한다.

물론 '무첨가' 표시가 있는 제품 중에는 정말 제대로 된 원재료 로 만든 식품도 많고, 설령 그렇지 않더라도 화학조미료와 인공감 미료 등 첨가물이 이래도 될까 싶을 정도로 잔뜩 든 식품에 비하면 낫다. 다만 '무첨가' 표시가 진정한 '무첨가' 제품을 뜻하는가 하면 꼭 그렇지만은 않다는 말이다.

예를 들어 '아지노모토'의 콩소메 수프 제품을 사 먹다가 '마기' 의 무첨가 콩소메 수프 제품으로 바꾼다고 할지언정 그 '무첨가 콩소메 수프'에도 여러 가지가 들어있다. 오히려 알레르기성 측면에서 보면 단백가수분해물이 든 마기의 '무첨가 콩소메 수프'가 아지노모토의 콩소메 수프보다도 더 몸에 부담을 줄 수 있다.

'무첨가'로 표기된 상품이 더 위험할 수도 있으므로, '무첨가'라는 말이 있어도 뒷면의 원재료 표시를 반드시 봐야 한다. 뒷면을 보지 않고 확신할 수는 없다.

무엇보다 우리 소비자 개개인이 식품을 고를 때 자신의 입으로 들어가 몸을 만드는 것이라는 점을 의식해야 한다.

★가공보조제와 캐리오버와 영양강화 목적
~표시 면제 규정

지금까지 식품 뒷면에 있는 '식품 표시' '원재료 표시'를 반드시 꼼꼼하게 봐야 한다고 이야기했다. 하지만 안타깝게도 그렇게 해도 그 식품에 사용된 모든 첨가물을 알아낼 수는 없다. '식품표시법'의 규정에 따라 첨가물을 사용했어도 표시 의무가 없거나, 표시가 면제되는 첨가물이 존재한다. 바로 '가공보조제'와 '캐리오버' '영양강화 목적' 규정 때문이다.

일본 후생노동성 홈페이지에 따르면 가공보조제란 '식품 가공 시에 사용되지만, (1) 완성 전에 제거되는 것, (2) 그 식품에 통상적으로 포함된 성분으로 바뀌어 그 양을 분명히 증가시키지 않는 것, (3) 식품에 포함된 양이 적으며, 식품에 그 성분으로 인한 영향을 미치지 않는 것'을 말한다. 대표적으로 가공 치즈를 제조할 때 사용하는 '탄산수소나트륨(중조: 重曹)'과 두부를 만들 때 소포제(거품 제거제)로 사용하는 '실리콘 수지' 등이 있다.

캐리오버란 '원재료 가공 시에 사용되지만, 그 원재료를 이용하여 제조하는 다음 식품에는 사용되지 않으며, 원재료에서 넘어온 첨가물이 그 식품에 효과를 발휘할 수 있는 양보다 적은 양밖에 포함되지 아니한 것'(후생노동성 홈페이지에서 발췌)을 말한다. 예를 들면 센베이 과자의 간장에 포함된 보존료, 비스킷의 원재료로 사용하는 마가린에 사용된 유화제, 드레싱의 주요 원재료인 샐러드 오일에 함유되어 있던 소포제, 실리콘 수지 등이 있다.

영양소를 강화하는 데 사용하는 비타민, 미네랄, 아미노산 종류는 영양강화 목적으로 사용되면 표시를 생략할 수 있다. 예를 들어 페트병 음료 등에는 비타민 C가 든 제품이 많은데, 비타민 C를 산화방지제로써 첨가했다면 반드시 표시해야 하지만, 영양강화 목적으로 넣었다면 표시하지 않아도 된다.

| 사실은 첨가물이 든 신선식품

본래는 필자가 나설 자리는 아니지만, 최근에는 신선식품에도 다양한 처리를 하다 보니 사람들이 이에 관하여 질문하는 일이 많아졌다.

'첨가물은 가공식품에 사용하는 것'이라고만 생각할 수도 있다. 하지만 사실 마트에서 파는 고기나 생선회 등 신선식품에 첨가물을 사용하기도 한다.

생선회를 예로 들자면, 뱃살 가공 시 사용하는 '식물유지'와 '어유(魚油)', 수분 보유성을 한층 더 높여 싱싱하게 만드는 'pH 조정제' 그리고 색을 선명하게 유지하는 산화방지제로 '비타민 C'와 '비타민 E'를 많이 사용한다.

소고기를 살펴보면, 산지가 다른 살코기와 비계를 붙이는 결착제로 '중합인산염'을 쓰는데, 이때 외국산 소고기의 풍미가 좋아지도록 국산 소고기 지방을 사용하기도 한다. 살코기와 비계를 효소로 붙인 후에 서로 떨어지지 않고 탄력 있도록 중합인산염을 사용한다. 따라서 산지가 두 군데 이상 적혀 있다면 바로 '인산염'을 사용했는지 의심해야 한다.

나중에 자세히 다루겠지만(59페이지 참조), '인산염'은 항상 주의해야 할 첨가물로, 현대 식생활에서 '미네랄 부족'을 일으키는 요인 중 하나다.

한입 스테이크는 성형육(成形肉)이므로 당연히 가공육과 마찬가지로 첨가물이 들었다. '인산염' 덩어리다. 고깃집에서 외식할 때 스테이크나 고기 메뉴 구석에 작은 글씨로 '부드럽게 가공'이라고 적혀 있다면, 여기에도 '인산염'이 든 것이다.

참고로 많은 사람이 꺼리는 '맥도날드' 제품에 든 소고기 패티에는 닭이나 돼지, 지렁이가 사용되지 않았다. 놀랍게도 말 그대로 100% 소고기다. '인산염'은 물론이고 달걀이나 빵가루도 사용하지 않은 무첨가 소고기, 심지어 그래스페드(풀을 먹여 키웠다는 뜻) 소고기다. 맥도날드에서는 닭고기나 돼지고기 메뉴 말고 소고기 패티가 든 버거를 고르자.

그뿐만이 아니라 고기는 사육 단계에서 호르몬제와 항생제, 항균제가 들어간 사료나 유전자변형 사료를, 생선은 양식 단계에서 합성 사료와 항생제, 질병 예방이나 치료를 위한 약을 사용했을 수도 있다.

이를 염두에 두고 되도록 생선은 '천연', 고기는 '그래스페드' '항생제 미사용'으로 표기된 식자재를 고른다면 더할 나위 없겠다.

★ 식품 표시 보는 법

이 책에서는 기본적으로 멀리해야 하는 첨가물과 어떤 식품을 조심해야 하는지를 소개한다.

'여태껏 식품 표시를 본 적이 없다'면 익숙해질 때까지 귀찮게 느껴질 수도 있다.

다양한 유사식품 중에서 하나를 고를 때 가장 먼저 봐야 하는 것이 '원재료명'이다. 멀리해야 할 첨가물이 사용되지 않았는지 살펴보자. 비슷한 상품이라도 자세히 보면 사용된 첨가물에 차이가 나기 마련이다. 다음으로 '영양성분표'를 본다. 해당 식품에 주요 영양소가 어느 정도 들어있는지 확인할 수 있어 의외로 중요하다. 탄수화물과 단백질의 양을 보고 조금이라도 더 많이 든 제품을 고르자.

눈앞에 진열된 상품 중에 최고의 상품이 없더라도 조금 더 나은 상품을 고르도록 한다. 요컨대 상품을 이해하고 선택해야 한다.

건강에 나쁜 저칼로리 상품, 특정보건용식품(특보), 기능성표시식품의 무서움

최근에 건강을 위한 식품인 저칼로리, 특정보건용식품(특보), 기능성표시식품의 수요가 점점 늘고 있다. 조금 더 돈을 들여서라도 '좋은 제품'을 사고자 하는 소비자들의 소비 행동을 여섯 가지로 분류해 보았다.

'자연파' '건강파' '환경파' '명품파' '미각파' '레트로파'.

⑩ 특정보건용품 현자의 식탁

이 중에서 '건강파' 사람들이 저칼로리 상품이나 특정보건용식품 (특보), 기능성표시식품을 사는 듯하다. 하지만 이런 상품들이 오히려 건강에 나쁠 수도 있다.

예를 들면, 특보나 기능성표시식품 중에서 '난소화성(難消化性) 덱스트린'(수용성 식이섬유)⑩이 든 제품은 조심해야 한다. 난소화성 덱스트린은 식후 혈당과 중성 지방 수치의 상승을 억제하는 인공적인 식이섬유다.

특보와 기능성표시식품 자체를 잘 모르는 독자들을 위해서 소비자청 홈페이지를 참고하여 간단하게 설명하고 넘어가자.

● **특정보건용식품(특보)**

몸의 생리학적 기능 등에 영향을 미치는 보건 효능 성분(관여 성분)을 포함하고, 섭취를 통해 특정 보건 목적을 기대할 수 있다는 취지를 표시(보건 용도 표시)하는 식품. 식품별로 식품의 유효성과 안전성에

대해 국가 심사를 받고 허가받아야 한다.《중략》

● 기능성표시식품

사업자가 판매하기에 앞서 나라에서 정한 규정에 따라 식품의 안전성과 기능성에 관한 과학적인 근거 등 필요한 사항을 소비자청 장관에게 신고하면 기능성을 표시할 수 있는 제도.

나라에서 심사하지 않으므로 사업자는 스스로 책임지고 과학적인 근거를 바탕으로 적정한 표시를 해야 한다.《중략》

난소화성 덱스트린은 특정보건용식품과 기능성표시식품 모두에서 쉽게 볼 수 있다. 그러나 필자는 난소화성 덱스트린과 같은 인공적인 식이섬유를 별로 섭취하고 싶지 않다.

덱스트린은 감자나 옥수수 전분의 일종으로, 그 전분을 대충 토막 낸 것이다. 체내에서 더 분해되어 포도당이 되므로 몸에 나쁜 것은 아니다.

한편, 특보 등에 사용되는 난소화성 덱스트린은 사람의 몸에서 '소화되기 어려운 덱스트린'으로, 수용성 식이섬유의 일종이다. 수용성 식이섬유라면 몸에 좋지 않을까? 싶겠지만, 채소나 곡물에서 유래된 식이섬유와는 달리 비타민, 미네랄, 폴리페놀과 같은 영양소를 포함하지 않는다. 따라서 난소화성 덱스트린만 섭취하면 미네랄이 부족하여 몸에 부담을 준다.

식이섬유는 몸에 좋은 것으로 알고 있을 텐데, 채소나 콩, 감자에 함유된 식이섬유에는 단백질과 비타민, 미네랄도 들었다. 하지만 난소화성 덱스트린에는 식이섬유밖에 없다. 그렇기에 미네랄 부족을 초래할 수도 있다.

난소화성 덱스트린은 당(糖)과 지방을 흡수하는 속도를 늦추고, 장(腸) 기능을 바로잡으며, 내장 지방을 줄여주는 작용 등을 하는데, '미네랄 흡수를 촉진한다'라고도 한다. 맞는 말이지만 영양학 사전에는 '미네랄 흡수를 방해한다'라고도 적혀 있다. 어느 쪽이 맞는 말이야!? 싶을 텐데 둘 다 사실이다. 참으로 복잡한 문제가 아닐 수 없다.

'난소화성 덱스트린'은 장에서 물리적으로 미네랄 흡수를 방해한다. 한편으로 장내 세균 수를 늘리는데, 그 장내 세균이 만들어내는 물질이 미네랄 흡수를 촉진한다. 미네랄 흡수를 촉진도 하고 방해도 하는 것이 '난소화성 덱스트린'이다. 사람에 따라 장점이 더 두드러지기도 하고 단점이 더 두드러지기도 한다.

장(腸)이 건강한, 그러니까 평소에 미네랄을 잘 섭취하는 사람에게는 장내 세균의 좋은 먹이가 되어 주지만, 미네랄이 부족한 사람이 '난소화성 덱스트린'만 섭취했을 때도 장내 세균의 먹이가 되어 줄지는 모를 일이다. 장내 세균이 증식하는데 미네랄이 필요하기 때문이다.

미네랄과 동시에 식이섬유가 들어오면 장내 세균이 증식하며 유기산을 생성하여 미네랄을 흡수하는 효과를 얻을 수 있지만, 어쩌면 장내 세균의 충분한 먹이가 되지 못하고 미네랄 흡수를 방해하는데 그칠 수도 있다. 그렇다면 처음부터 채소, 콩, 고구마, 감자, 해조 같은 식품을 통해 미네랄과 함께 식이섬유를 섭취하면 되지 않겠는가.

그리고 진한 녹차와 홍차, 커피, 코코아와 같은 특보 차, 카테킨 녹차 등도 마찬가지다. 타닌, 카테킨, 클로로겐산, 카페인 이러한 성분들은 장에서 물리적으로 미네랄 흡수를 방해하기 쉽다. 진한 녹차나 커피는 식사 중에 마시기보다는 식후, 가능하면 3시 즈음에 간식을 먹으면서 함께 곁들이는 편이 좋다. 폴리페놀은 당분 흡수와 혈당 수치의 급상승을 막는 데 훌륭한 역할을 하지만, 미네랄을 상대로는 방해 작용을 한다. 모처럼 식사하면서 미네랄을 흡수하는데 방해하지 못하도록 하자.

프랑스 코스 요리에서도 전채 요리 단계에서 갑자기 홍차로 하시겠습니까, 커피로 하시겠습니까, 그렇게 묻는 일은 없다. 우선 화이트 와인이나 샴페인 같은 신(산:酸) 성분이 포함된 와인을 추천한다. 미네랄 흡수에 도움이 되기 때문이다.

식사하면서 마실 차로는 보리차나 호지차, 루이보스티, 연하게 끓인 녹차가 좋지 않을까.

즉, 이러한 특보나 기능성식품을 '먹고 싶어서 먹는 거야' 그런 마음에서가 아니라 '저탄수화물 제품이라서 좋다'라든가 '기능성표시식품은 건강에 좋다'라는 생각에 섭취하고 있다면, 반드시 건강에 좋다고만은 할 수 없다는 이야기를 하고 싶다.

아무리 나라에서 인가했다고는 하지만 '자신의 장내 환경에 맞지 않는데도 계속 먹을 건가요?'라는 말이다.

건강식품의 '건강'이 모든 사람에게 '건강'으로 다가오지 않을 수도 있다. 자연식품도 마찬가지다. 현미식이 누구에게나 맞는 것은 아니다. 예를 들어 유기농 밀만 봐도 그렇다. 유기농일지언정 밀의 글루텐 성분이 자신과 맞지 않을 수도 있다. 단순히 눈에 보이는 표시를 그대로 받아들이는 데서 한 걸음 더 나아가 스스로 생각하고 선택해야 한다.

'아저씨' 중에 종종 편의점 도시락과 단 것이 든 빵만 먹어도 건강한 사람이 있다(웃음). 그런 사람은 소화효소가 많이 분비된다. 무엇이든지 위산으로 녹여버린다. "난 체하거나 어깨가 결린 적이 없어." 그런 사람 있지 않은가(웃음). 그런 사람과 똑같이 생각해서는 안 된다는 말이다. 몸은 한 사람, 한 사람 다 다른 법이다. 이는 유전적으로 타고난지라 다른 사람을 따라 해도 소용없다.

제**2**장

미네랄 부족의 위험성

신형 영양실조와 미네랄 부족

물론 첨가물은 발암성 등도 문제지만, 그보다 첨가물이 일상적으로 일으키는 문제가 더 심각하다. 바로 '미네랄 부족'을 초래하기 때문이다.

이 장에서는 내가 가장 큰 문제라고 생각하는 '미네랄 부족'에 대해 살펴보겠다.

2021년 여름에 '여름을 타는 이유는 미네랄 부족 때문일 수도 있다'라는 뉴스가 화제가 되었다. 지금은 지극히 일반적으로 미네랄 부족이라는 말을 사용한다. 그런데 몇 년 전까지만 해도 미네랄 부족이라는 말은 일반적이지 않았다.

'미네랄 부족'이 널리 알려지게 된 것은 이케가미 아키라 씨의 TV 방송을 통해서다. 헤이세이(1989~2019년) 30년은 어떤 시대였는지를 되돌아보는 회차였는데, 의료 문제 차례가 되자 헤이세이 시대를 대표하는 질병으로 특집 보도된 것이 암(癌)도, 알츠하이머도, 뇌졸중도 아닌 '신형 영양실조'였다. 그 후 흐름이 바뀌면서 일반적으로 미네랄 부족이라고 말하게 되었다.

'신형 영양실조'란 섭취하는 칼로리는 충분한데 단백질이나 비타민, 미네랄 등 특정 영양소가 부족하여 건강이 나빠지는 상태를 말한다.

면역력 저하, 권태감, 빈혈, 수족 냉증, 짜증 등 다양한 증상이 나타날 수 있다. 2018년 하우스 식품에서 조사한 바에 따르면, 세끼를 제대로 챙겨 먹는데도 80%의 아이들에게서 신형 영양실조의 위험이 있는 것으로 나타났다. 정말 겁나는 일이다.

'영양실조'란 잘 알다시피 음식을 먹지 못해 걸리는 병이다. 내전 중인 지역 등에서는 아직도 이러한 영양실조를 초래하는 굶주림, 기아 상태에 처해 있다.

영양실조는 음식을 먹을 수 없어서 걸리는 병인데, 신형이라는 말이 앞에 붙으면 반대로 음식을 너무 많이 먹어서 걸리는 병을 가리킨다. 단백질, 탄수화물, 지방, 비타민, 미네랄 등 5대 영양소 중에서 어떤 특정 영양소가 극단적으로 부족하면 '신형 영양실조'라고 한다. 칼로리는 충분한 '고령자의 단백질 부족'과 '외식이 잦은 사람의 미네랄 부족', 이 두 가지가 잘 알려져 있는데, 이를 '신형 영양실조'라고 한다.

먼저 70세 이상의 고령자 또는 혼자 사는 사람들은 대체로 단백질이 부족하다. 이는 헤이세이 시대에 들어서면서 증가한 것이 아니라 그 이전, 쇼와 시대부터 문제시되었던 역사가 깊은 신형 영양실조다. 온라인 사전에서 신형 영양실조를 검색하면 '고령자의 단백질 부족'으로 나온다.

건강을 유지하는 데 필요한 단백질의 양은 사실 젊은 사람과 고령자 사이에 큰 차이가 없다. 사람은 나이가 들면서 먹는 양이 줄어들기 때문에 그만큼 단백질의 양을 늘려야 한다. 비율을 늘려야 할 때 여전히 고기, 생선, 알, 콩 제품을 적게 섭취하고, 여름에는 더워서 식욕이 없다면서 줄곧 소면과 장아찌만 먹는다. 그런 고령자들은 단백질 부족으로 점점 신형 영양실조 상태에 빠진다.

고령자의 단백질 부족으로 아주 유명한 '신형 영양실조'가 그것으로 끝이었다면 이케가미 씨도 TV 방송에서 다루지 않았을 터이다. 헤이세이를 대표하는 질병으로 단백질 부족에 미네랄 부족이 더해졌기에 TV에서 특집 방송까지 한 것이다.

내가 알아본 통계로는 1998년 즈음부터 미네랄 부족에 따른 신형 영양실조가 출현하여 현재 무서운 위세를 떨치고 있다. 헤이세이와 레이와(2019년부터 2023년 현재를 가리키는 연호) 시대를 대표하는 질병은 '미네랄 부족에 의한 신형 영양실조(미네랄 실조)'라고 해도 과언이 아닐 것이다.

미네랄 부족은 먼저 외식이 잦은 사람에게 찾아온다. 편의점, 패밀리 레스토랑, 마트에서 파는 반찬, 포장 판매 도시락… 그런 종류의 음식만 먹는 사람은 미네랄 부족 상태에 빠지기 쉽다. 고령자 중에서 마트 반찬이나 포장 판매 도시락만 먹는 사람은 단백질 부족과 미네랄 부족으로 더블 신형 영양실조에 걸렸을지도 모른다.

다음의 ⑪은 영양소의 우선순위를 피라미드로 나타낸 것이다. 후생노동성에서 제정한 '일본인의 식사 섭취 기준'을 보면 각 영양소의 우선순위를 알 수 있다.

우선 레벨 1로 지정된 3대 영양소인 단백질, 지방, 탄수화물이 절대적으로 중요한데, 고기를 많이 먹는 젊은 사람들은 단백질이 충분하지만, 고령자와 다이어트 중인 여성들은 단백질이 부족하기 쉽다. 단백질이 부족해지면 미네랄 건강보조식품을 먹어도 개선되기 어렵다.

다음으로 중요한 것이 레벨 2에 속한 비타민과 미네랄이다. 외식이 잦은 사람은 이러한 미네랄을 섭취하지 못한다. 자주 외식하는 고령자는 단백질과 미네랄 부족 모두 조심해야 한다. 각각의

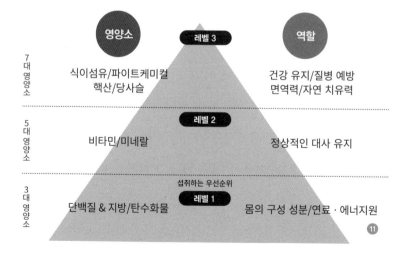

영양소	레벨 3	역할
7대 영양소	식이섬유/파이트케미컬 핵산/당사슬	건강 유지/질병 예방 면역력/자연 치유력
5대 영양소	레벨 2 비타민/미네랄	정상적인 대사 유지
3대 영양소	섭취하는 우선순위 레벨 1 단백질 & 지방/탄수화물	몸의 구성 성분/연료 · 에너지원

역할이 다르기 때문이다. 레벨 1은 몸을 만드는 재료로, 섭취하면 에너지(칼로리)가 된다.

레벨 1이 재료라면 레벨 2는 목수의 연장이며, 레벨 1과 2를 합쳐 5대 영양소라고 한다. 레벨 2는 목수의 연장이므로 레벨 1 '재료'를 적게 먹는 소식가는 레벨 2 '목수의 연장'의 섭취량이 적어도 문제없다. 그래서 칼로리 대비 미네랄이 부족할 때 신형 영양실조에 걸린다.

레벨 3은 우선순위는 낮아도 매력적인 역할을 담당한다. 건강 유지, 질병 예방, 면역력, 자연 치유력에 관여하는 것으로 알려졌으며, 식이섬유와 파이토케미컬 등이 레벨 3에 속한다. 안토시아닌, 레스베라트롤, 쿠르쿠민, 설포라판, 리코펜 등은 건강보조식품으로도 나온다. 이러한 건강보조식품이 효과를 보려면 레벨 2까지의 영양소가 충분해야 한다. 단백질이나 미네랄이 부족하면 레벨 3 영양소가 제 기능을 못할 가능성이 크다.

2010년 아사히신문에 도쿄 시내에서 생활하는 젊은 회사원들의 실태를 보도하는 '1인 가구 매끼 편의점'이라는 기사가 실려 놀랐다. 식사라기보다는 에너지 충전이다. 일이 바빠서 체념한 모양이다. 그로부터 10년 이상이 지난 현대의 식사는 더욱 심각한 사태에 빠졌다.

▌ 무첨가인가!? 미네랄인가!?

첨가물을 멀리하는 일과 미네랄을 제대로 섭취하는 일 중 어느 쪽을 우선해야 할까? 나는 후자라고 생각한다. 미네랄이 부족하면 초조해지고 침착성을 잃거나, 멍하니 두뇌 회전이 멈추기도 한다. 그럴 때는 미네랄을 섭취해 보라. 의외로 즉각적인 효과를 실감할 수 있다.

섭취한 첨가물을 몸밖으로 배출하거나 분해하는 일 또한 미네랄의 역할이다. 미네랄이 부족하면 농약과 첨가물 배출도 원활하게 이루어지지 않는다.

첨가물을 멀리하면 체내의 미네랄도 보존되고, 무첨가 식품 시장을 넓힐 수도 있으니 당연히 가능한 한 그리 해야겠지만, 그보다 미네랄을 꾸준히 섭취하려는 의식을 갖는 일이 더 중요하다.

첨가물투성이인 슈크림보다 무첨가 슈크림을 사는 것도 훌륭한 일이지만, 다른 것으로 미네랄을 보충해야 한다는 점도 잊지 말자. 그런 점에서 보면 첨가물이 들었어도 깨나 호두가 들어간 빵을 사는 사람을 보면 '뭘 좀 아는 사람이구나' 싶다.

| 미네랄이란 무엇인가?

영양소의 우선순위를 나타낸 피라미드 그림(45페이지⑪)에서 비타민과 미네랄을 목수의 연장이라고 했었다. 그중에서 특히 중요한 미네랄도 있는데, 이들은 재료로도 쓰인다. 뼈의 칼슘이나 혈액의 철 등이 이에 해당한다. 연장을 사용하는 목수는 효소라는 단백질이다. 효소가 미네랄이라는 목수의 연장을 사용하여 일하는 것이다.

인체에서 미네랄은 얼마나 차지할까? 먼저 산소, 탄소, 수소, 질소. 우리 몸의 96%는 이러한 네 가지 원소로 이루어져 있다. 인간의 몸은 대부분 수분이다. 수분은 H_2O이므로 산소와 수소이고, 나머지는 주로 단백질이니 탄소와 질소다. 우리 몸의 96% 가까이 산소, 탄소, 수소, 질소가 차지하고 있는 셈이다. 이러한 네 가지 원소는 미네랄이라고 하지 않는다. 피라미드⑪에서 레벨 1에 속하는 원소다. 생체를 구성하는 주요 네 가지 원소, 그 이외의 원소를 미네랄이라고 한다.

《금속은 인체에 왜 필요한가(사쿠라이 히로무 지음)》에서는 '111종류가 있는 원소 중에서 사람의 체내에 비교적 다량으로 존재하는 필수 원소는 11종, 미량으로 존재하는 필수 원소는 9종, 분명 필수일 것으로 생각되는 원소는 23종으로, 총 43종이다'라고 했으며, '주기표 원소의 약 50% 이상은 몸에 유용한 것으로 사료된다'라고도 한다.

▌현대의 미네랄 부족의 원인

미네랄 부족의 가장 큰 원인은 무엇일까?

나는 다음 세 가지를 미네랄 부족의 원인으로 본다.

1. 데친 식품의 증가

2. 정제 식품의 증가

3. 인산염 사용의 증가

차례대로 하나씩 살펴보자.

1. 데친 식품의 증가

마트에서 파는 반찬은 원재료로 업소용 데친 채소를 사용하여 만드는 경우가 많다. 각 마트에서는 자른 채소를 데쳐서 미네랄을 우려내고 남은 빈 껍질을 포장해 놓은 재료로 반찬을 만든다. 이를 섭취하면 미네랄 부족이 되고도 남는다.

요즘 마트에서는 이러한 간편하고 손쉽게 쓸 수 있는 데친 채소를 가정 요리용으로 판매하고 있다⑫. 얇게 썬 우엉, 자른 당근, 삶은 감자… 이러한 미네랄이 빠진 채소를 사용하여 크림 스튜를 만들어 먹어도 뼈가 튼튼해질 리 없다. 영양학 교과서에서 칼슘 항목을 찾아보면 뼈를 튼튼하게 만들려면 칼슘만 섭취해서는 안 된다고 나온다. 칼슘과 마그네슘을 2대 1의 비율로 섭취해야 한다. 칼슘 혼자서는 몸에 효과적으로 흡수되지 않는다.

참고로 우유의 칼슘, 마그네슘 비율은 10대 1로 칼슘만 가득하다. 이때 생감자, 당근, 양파를 사용하여 스튜를 만들면 우유의 칼

⑫ 데친 채소 코너

슘과 더불어 채소에서 마그네슘을 섭취할 수 있으므로 2대 1 비율이 된다. 한 번 데쳐서 이미 마그네슘이 많이 줄어든 간편 조리 채소를 사용하면 '우유를 벌컥벌컥 마시는 상태, 칼슘만 듬뿍 든 골절 스튜'가 탄생한다.

요즘은 마트에 미네랄이 부족한 데친 채소를 팩으로 포장하여 진열한 코너가 많이 늘었다. 수제 만두용 채소도 있는데, 굳이 집에서 미네랄이 빠진 수제 만두를 만들어서 어쩌란 말인가!? 싶다. 채소를 다지는 수고를 줄이고 싶다면 냉동 만두에 말린 멸치 분말을 뿌려 먹는 편이 낫다. 카레 재료, 돼지고기 된장국 재료, 닭고기 채소 볶음탕 재료, 국산 데친 채소 모두 무엇 하나 할 것 없이 전부 미네랄이 빠져나가고 없다. 권하고 싶지는 않지만, 차라리 냉동 건조한 돼지고기 된장국이 데친 재료가 든 것보다 낫다. 그리고 조리한 음식을 봉지에 포장해서 파는 레토르트 식품에도 채소가 많이 들어있지만 전부 미네랄이 빠진 상태다. 레토르트 카레도 데친 식자재를 이용하여 만들었으니 당연하다. 제조사에서 홈페이지에 올린 레토르트 식품의 제조 공정을 살펴보면 이를 알 수 있으니 관심 있는 사람은 찾아보라. 공정에 블랜칭(살짝 데치는 일을 말함)이라는 미네랄 제거 작업이 들어가 있다.

자른 채소나 봉지에 포장하여 파는 채소는 데치지 않지만, 병원성 대장균을 살균 소독하고자 꼼꼼하게 세척한다. 이때 소독하면서 잘게 썬 채소에서 수용성 미네랄이 빠져나간다. 특히 마그네슘과 칼륨이 쉽게 빠져나간다. 반면 방울토마토나 잎이 큰 양상추 등 잘게 자르지 않은 채소에서는 영양소 손실이 없다.

냉동 채소⑬는 삶지 않았다고 생각하는 사람도 있는데 브로콜리, 강낭콩, 오크라, 파, 아스파라거스 등은 데친다. 그럴 리가요, '가열하지 않았습니다'라고 쓰여 있는걸요. 그렇게 반박하기도 하는데, 봉지에 적힌 문구를 자세히 보라. 분명히 '미리 데쳤습니다' 라고 쓰여 있다. 중국산 농약을 걱정하기도 하지만, 농약은 걱정할 필요 없다. 중국 공장에서 데칠 때 이미 농약과 미네랄이 우러나와 빠져나갔기 때문이다. 상가에서 파는 도시락이나 음식점 요리도 데친 채소와 자른 채소, 냉동 채소 등 업소용 식자재를 온라인으로 구매하여 만들기 때문에 미네랄이 들어있지 않다.

그럼 모든 음식점에서 그렇게 하는가 하면

⑬ 냉동 채소·과일 코너

그렇지 않다. 칠판 메뉴를 보면 식자재를 칼로 자르는 과정부터 직접 만드는 가게를 판별할 수 있다.

종종 보드 메뉴가 충실한 음식점과 요리점이 있다. 화이트보드나 칠판 메뉴가 있는 곳은 가게 주인이 그날그날 시장에서 장을 봐서 매일 한정 메뉴를 만드는 경우가 많으므로, 간편 조리 채소를 사용하지 않고 재료를 칼로 자르는 데서부터 직접 만들 가능성이 크다. 그런 칠판 메뉴, 화이트보드 메뉴가 충실한 선술집이나 음식점을 이용하면 미네랄을 제대로 섭취할 수 있는 메뉴도 있지 않을까. 건조 채소는 어때요? 그런 질문을 하기도 하는데, 데친 채소를 건조했다면 미네랄이 남아 있기를 기대하기는 어렵다.

2. 정제 식품의 증가

정제 식품(정제밀가루, 백설탕, 정제소금 등)의 폐해에 대해서는 많이 들어봤을 것이다. 실제로 조심하고 있는 사람도 있을 터이다. 그런데도 최근에 점점 정제 식품이 느는 추세다. 정제한 식품은 대부분 미네랄이 빠져나가고 없다. 조미료와 가공식품뿐만 아니라 신선식품도 되도록 미네랄이 남아 있는 제품을 고르도록 해야 한다.

조미료와 가공식품은 뒤에 해당 항목에서 다루기로 하고, 여기서는 물과 기름에 대해 잠깐 살펴보겠다.

● 순수(純水)

먼저 순수에 관해서 이야기하고자 한다.

순수는 요즘 청량음료에 많이 쓰인다. 산토리에서 내놓은 대용량(650ml) 페트병 보리차인 '착한 보리차'⑭에는 분명 미네랄 보리차라고 적혀 있다. 이 표시를 보면 미네랄을 섭취할 수 있을 것만같다. 하지만 의외로 그렇지 않다.

그 원인은 차를 끓이는 '물' 때문이다. 산토리에서 기재한 영양성분표를 보면, 미네랄이 풍부한 원료로 차를 끓인 미네랄 보리차의 미네랄 함량은 '산토리 천연수'⑮보다 적다. 그 원인은 미네랄을 제거한 '순수'에 있다.

천연수는 칼슘, 마그네슘, 기타 다양한 미네랄이 미량 녹아 있어 물맛이 좋다. 그런데 페트병 보리차 제조 공장에서 보기에는 지하수마다 미네랄 조성이 달라 성가시다.

물이 탁해지거나 침전물이 생기는 등 공장에 따라 맛에 차이가 난다.

⑭ 카르보나라 파스타
⑮ 천연수

그러나 순수를 사용하면 전국에 공장이 10곳이 있더라도 모두 똑같은 맛이 나는 제품을 만들 수 있다. 트라이할로메테인이나 질산성질소 등 시민단체에서 불평할 만한 위험한 성분과 함께 아예 모든 종류의 미네랄을 전부 제거해서 보리 등 원료 찻잎의 맛을 최대한 끌어낼 수도 있다. 찻잎을 소량만 써도 색과 맛이 진하게 나와 오히려 미네랄이 풍부해 보인다. 저비용과 안정된 품질은 제조사에도 유리한 점이다. 녹차, 우롱차, 보리차 등 페트병 차 대부분은 '순수'로 만든다.

개중에는 아예 대놓고 '순수로 만들었다'❶❻고 표시한 제조사도 있다. 천연수로 만드는 제조사와 상품도 있지만, 불평불만으로 이어지기 쉬운 것이 현실이다. 안타까운 일이지만 천연수라고 표시하지 않은 음료수는 전부 순수로 제조되었을 것이다. 다만 찻잎에 미네랄이 들어있으니 그나마 다행이
라고 할까.

문제는 환타와 콜라, 사이다다. 순수를 이용한 탄산음료는 그야말로 치명적이다. 미네랄을 섭취할 수 없다. 탄산음료 중에서 코카콜라의 환타 그레이프는 '특별히 순수로 만들었어요' '안전해서 안심할 수 있어요'라고 내세

❶❻ 무향료·무조미 순수로 만든 녹차

우는데, 나는 마시고 싶지 않다. 미네랄이 부족한 당류를 일상적으로 섭취하면 미네랄 부족으로 인한 신형 영양실조에 걸리기 쉬워지기 때문이다.

시민단체에서 일하던 무렵 나는 소송채 씨앗에 각각 수돗물, 정수기물, 순수를 주어 키우면 어떻게 되는지 실험한 적이 있다.

그랬더니 순수를 준 소송채만 성장이 멈췄다. 소송채는 씨앗에 저장되어 있던 미네랄을 다 쓰면 수돗물에 든 미네랄을 이용하여 광합성을 할 수 있다. 하지만 순수에 담가 발아시킨 씨앗은 씨앗의 미네랄을 다 쓰고 나자 광합성을 하지 못해 성장 장애를 일으켰다.

마트에서 부지런히 순수를 사다 나르는 사람이 있던데, 요리 말고 세탁할 때 사용하자.

최근에는 편의점에서 갓 끓인 커피도 경도 1 이하의 연수, 즉 순수로 만들기도 한다. 커피콩으로 미네랄을 섭취할 수 있으니 괜찮지만, 보통 수돗물을 끓인 물이면 충분하다. 시판되는 아사히 천연수 롯코의 경도가 약 40임을 감안하면 경도 1 이하의 연수가 얼마나 순수에 가까운지를 알 수 있다. 더불어 순수에 가까운 경도 1 이하의 물이 얼마나 미네랄이 부족한 물인지도 알 수 있다.

●기름

시판되는 식물유로 반투명 페트병에 담아 파는 식용유[17]가 있다. 종류와 상관없이 미네랄이 전혀 들어있지 않다. 유채기름이나 콩기름이 원료인데 헥세인, 인산, 옥살산, 수산화나트륨 등 화학적으로 합성한 식품첨가물로 추출 및 정제한다. 만일 미네랄 등 불순물이 남아 있으면 탁해지고, 냄새가 나고, 침전되고, 이상한 색이 나며, 거품이 나기 쉽고, 쉽게 산화되니 제조사에 좋은 점이 하나도 없다. 업소용 식용유에는 거품이 더욱 나지 않도록 실리콘도 들었다. 이런 식용유를 사용하면 미네랄 부족으로 쉽게 체하거나 속이 쓰릴 수도 있겠다.

대기업에서 유전자변형 콩과 유채씨를 원료로 사용하여 식용유를 제조할 가능성이 큰 것도 문제인데, 유전자변형 농작물을 멀리하고 싶은 소비자로서는 난감하다. 외식이라도 하면 피할 길이 없다.

⑰ 식용유 코너

그럼 자연스러운 제조법에 따라 원료인 유채씨를 압착하여 뜨거운 물로 씻었을 뿐인 유채기름에는 미네랄이 풍부한가 하면, 그렇지 않다. 이렇게 만들어도 미네

랄이 거의 남지 않는데, 그래도 대기업 식용유보다 낫다.

아주 소량이라도 미네랄이 남아 있으면 체내에서 기름을 분해하는 목수의 연장으로 활약해 줄테니 압착법으로 제조된 유채기름을 추천한다⑱. 이런 제품을 고르면 비유전자변형 유채기름을 먹을 수 있다.

올리브유는 가짜가 많아서 진품을 고르기 어려운데, 적어도 퓨어 올리브 오일이나 올리브 퍼미스 오일 등은 거르는 편이 좋다. 엑스트라 버진 올리브 오일 중에서 저온 압착 제품을 고르자⑲.

참기름은 '압착'이라고 쓰여 있는 제품이 좋다. 향이 없는 무색 참기름과 향기가 강한 갈색 참기름 둘 다 괜찮다. 볶았는지 아닌지의 차이일 뿐이고, 함유된 미네랄의 양에는 큰 차이가 없다.

유채기름, 해바라기유, 미강유 등도 '압착' 혹은 '압착법' 제품이 좋다.

⑱ 이치방 시보리 국내산 유채기름 식용유
⑲ (왼쪽부터)OLIVE OIL, EXTRA VIRGIN OLIVE OIL

식물유를 살 때 지방산 종류를 보고 고르는 사람이 많다. 지방산이란 오메가6 리놀레산이나 오메가9 올레산 등을 말한다. 압착법으로 만들었는지도 선택 기준으로 삼자.

3. 인산염 사용의 증가

미네랄 부족의 원인으로 꼽히는 '인산염'은 장(腸)에서 미네랄 흡수를 방해하는 첨가물이다. 엄밀히 말하면 인산염의 한 종류인 '중합인산염'이 그렇다. 인체에 영향을 미치는 독성이나 발암성은 없지만, 식품에 함유된 미네랄과 단단하게 결합하여 물에 녹지 않는 결합체가 되어 장내 세균이 이용할 수 없는 상태 또는 장에서 체내로 흡수되기 어려운 상태로 만든다. 중합인산염 혼자서 아무 짓도 하지 않고 빠져나가면 전혀 문제될 일이 없지만, 장내 세균이 사용하지 못하도록 미네랄을 길동무로 삼아 끌어안은 채 배출되기 때문에 민폐만 끼치는 첨가물이라고 할 수 있다. 미네랄이 풍부한 똥이 나올 뿐이다.

중합인산염이 첨가물로 사용되는 이유를 살펴보자. 식품을 하얗거나 선명한 색을 띠고, 육즙이 풍부하고, 탱글탱글하고, 걸쭉하고, 부드러우며, 바삭하게 만들 수 있다. 저렴한 가격에 좋은 식감과 보기에 예쁜 색이 나도록 효과를 줄 수 있다. 게다가 합성보존료나 합성착색료와 달리 발암성을 걱정할 일도 없다.

예를 들어 중합인산염의 일종인 피롤린(pyrroline)산나트륨이 첨가된 통조림 게를 사용하여 볶음밥을 만들었다고 하자. 위(胃) 속으로 들어온 피롤린산나트륨은 pH가 낮은 위산의 영향을 받아 일단 미네랄을 내놓는다. 그러다 소장으로 향할 무렵, 췌장액에 의해 중화된다. 중성에 가까워진 피롤린산나트륨은 바로 자신이 좋아하는 미네랄을 꽉 잡고 장내 세균이 미네랄을 이용하지도, 장 (腸)에서 흡수하지도 못하게 한 채 변이 되어 몸밖으로 배출된다. 가장 큰 문제는 코발트, 바나듐, 게르마늄(저마늄)처럼 식품에 조금밖에 들어있지 않지만, 인체에서 중요한 역할을 하는 귀중한 미량 미네랄과도 결합한다는 점이다.

미네랄은 팀워크로 작용하기 때문에 바나듐이 들어오지 않아 대사 반응을 할 수 없는 일이 벌어지기도 한다. 팀워크로 일하고 싶은 다른 미네랄이 이제나저제나 목을 빼고 기다린다. 그런데 인산염은 굳이 자신이 좋아하는 미네랄을 골라잡아서 데리고 나가 버린다. 그래서 밥을 먹으면서 바나듐과 코발트를 섭취했음에도 몸에서 전혀 쓸 수 없는 일이 발생한다. 칼슘은 다량 미네랄이므로 기준치에 미치지 않더라도 인산염에 조금 붙잡혔다고 해서 전부 사라지는 일은 없다. 그렇지만 코발트와 바나듐 등은 인산염에 붙잡히면 한끼 식사에서 섭취한 양을 모두 빼앗기고 만다. 바나듐이 인산염에 붙잡히는 바람에 체내에서 화학 반응을 일으킬 수 없는 것이다.

'인산염'은 냉동식품부터 디저트 푸딩, 젤리에 이르기까지 다양한 식품에 사용된다. 빠르게 잘 녹는 성질이 있어 커피 크리머 등에도 많이 사용한다[20]. 'pH 조정제'라는 말이 없는 커피 크리머를 고르는 것이 좋다. 커피 크리머 제품 중에서는 모리나가의 '크리프'가 무난하다.

컵 커피는 세븐프리미엄, 패미마루, 우치카페 등 편의점 오리지널 브랜드 제품을 사면 무난하다. 'pH 조정제'라고 쓰여 있으면 인산염이 들어있을 수도 있으므로 거르자. 어디까지나 가능성이 있다는 말이다. 다만, pH 조정제를 사용하지 않은 제품도 있으니 굳이 선택할 필요는 없지 않을까.

인산염은 냉동식품에도 많이 사용된다[21].

냉동식품 닭튀김이나 숯불구이 닭고기 덮밥 재료에 든 '폴리린산나트륨'이 인산염이다.

[20] 커피 프리머 제품
[21] 냉동식품 코너

입시 시즌이 되면 '시험 볼 때 든든하다'는 냉동 돈가스㉒를 파는데, 시험 보기 전에 먹으면 합격에서 멀어질 수도 있다.

무슨 말인가 하면 예를 들어 수학 문제를 풀 때 우리는 두뇌를 열심히 풀가동한다. 이때 뇌의 신경세포는 신경전달물질을 내보낸다. 두뇌가 풀가동할 때는 신경전달물질로 알려진 GABA와 도파민, 세로토닌 등이 잔뜩 필요하다. 그 합성 경로에 목수의 연장인 미네랄과 비타민이 사용된다.

예를 들어 타이로신은 있는데 도파가 부족하면, 전문 목수(효소)가 합성되어 타이로신 현장에 출동한다. 다만 목수는 타이로신 현장에 빈손으로 나타난다. 타이로신에서 도파를 만들 때 필요한 목수의 연장은 철 따위다. 현장에 굴러다니는 철을 손에 쥐고 100배, 1,000배로 활성화하여 도파를 대량으로 만들어 충족시킨다.

그런데 전날 인산염이 든 식품을 먹으면 체내에 미네랄이 부족해지고, 합성공장인 세포 내에도 철이 부족해질 수 있다. 그렇게 목수와 철이 만날 확률이 줄어들거나 없어지면 평소의 1,000분의 1 속도로 수작업을 해야 한다.

그러면 항상 모의

㉒ 시험 볼 때 든든한! 소스 돈가스
인산염(Na)

ソースとんかつ
衣(パン粉、でん粉、小麦
ぶどう糖、乳糖)、粉末状プ
全卵粉、ソース〔糖類(砂
香辛料、野菜エキスパウ
リン酸塩(Na)、調味料(有

고사에서 술술 풀던 수학 문제를 막상 실전에서 못 푸는 상황이 벌어진다.

실전이라 긴장해서가 아니라 미네랄이 부족해서 못 풀었을 가능성도 충분히 있을 수 있다. 미네랄 부족인 상태에서 시험에 임하면 한 문제를 못 푸는 실수에 그치지 않을 정도로 위험하다. 수험표를 깜빡하거나 시험장을 잘못 찾아가는 등 어처구니없는 실수를 저지를 수도 있다.

시험 당일의 아침 식사는 깨와 구운 김으로 만든 주먹밥 그리고 말린 멸치와 다시마로 제대로 육수를 낸 된장국이면 충분하다. 개인적으로 공부는 이틀 정도 전까지만 열심히 하고, 이틀 전부터는 미네랄 도핑을 하는 편이 더 좋다고 생각한다(웃음).

단시간에 식사를 마치고 싶다면 미네랄을 섭취할 수 있는 에너지바 '소이조이'는 어떨까?

그 밖에도 온갖 곳에 인산염이 숨어 있다. 게맛살, 어묵, 다진

㉓ 게맛살과 어묵 제품
㉔ 부드러운 식감 고소한 대롱 어묵, 무(無)인 다진 어육 사용

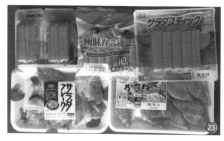

생선살 등 반죽해서 굳혀 만드는 제품㉓에는 표시 의무가 없으므로 '어육'이라는 말에 인산염이 숨어 있다. 생선 소시지도 마찬가지다. '무(無)인 다진 어육'㉔이라고 쓰여 있지 않은 한 들어있다고 보면 된다.

아침 식사로 먹는 콘플레이크 등에도 인산염이 들어있을 수 있다. 다만 플레인이나 설탕이 들어가지 않은 그래놀라㉕라면 배합된 인산염보다 미네랄이 더 많아서 문제없다고 생각한다. 그래놀라에는 건포도나 잡곡, 오트밀, 견과류 등 다양한 재료가 들어있어 미네랄을 충분히 섭취할 수 있으니 인산염을 어떻게든 해 줄 것이다. 우유에 그래놀라를 타서 먹으면 칼슘과 마그네슘을 균형 있게 섭취하기에 딱 좋은데, 플레인 등을 먹으면 마그네슘이 부족하겠다.

집 근처 마트에서 파는 소고기 슬라이스㉖를 보니 살코기는 호주, 비계는 국산이라고 쓰여 있다. 아무것도 쓰여있지 않지만, 사실은 인산염이 들어있을 것이다. 살코기와 비계를 접착할 때 사용하는 접착제를 육류 업

㉕ 그래놀라 제품
㉖ 특가 상품, 소고기 잡육(호주산 소고기·국산 소기름)

계에서 '결착제'라고 하는데, 업소용 결착제의 효소 제제를 알아보니 중합인산염이 사용되었다.

효소만으로는 약해서 인산염으로 보강한 것이다. 산지가 두 군데 표시된 정육은 주의해야 한다. 한입 스테이크 상품에는 대부분 '인산염(Na)'이라고 표시되어 있다. 그래서 나는 '한 방에 가는 스테이크'라고 부른다.

이번에는 생선 제품 '참치 뱃살 2종 세트❷'를 살펴보자. 생선이 한 종류라면 산지부터 시작해서 이것저것 표시해야 할 의무가 있다. 하지만 모둠회는 개별 산지를 표시하지 않아도 되기에 자세히 쓸 필요가 없다. 따라서 모둠을 살 때는 각오하는 편이 좋다. 어디서 잡힌 어떤 생선인지도 모르고 사야 하니 말이다.

기름이 잘 오른 참치회를 발견했는데, 생선임에도 원재료 표시가 적혀 있어 살펴보니 식물유지, 어유, pH 조정제(인산염)로 가공했다❷. 기름이 오르지 않은 참치를 다른 생선의 지방과 출처를

❷ 참치 2종 세트 (해동·회용), 원재료명은 뒷면에 일괄 기재
❷ 날개다랑어(일본, 대만, 기타), 눈다랑어(일본, 대만, 기타), 식물유지, 어유, pH 조정제, 산화방지제 (V.C.V.E)

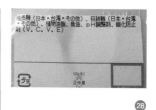

알 수 없는 식물유에 절이거나, 또는 이를 참치에 주사함으로써 참치 뱃살로 가공하는 것이다. 선명한 색을 유지하도록 산화방지제도 사용해서 참치의 자존심은 이미 산산조각이 나고 말았다.

사진㉙은 어린이용 소시지인데, 프리큐어와 슈퍼 전대 캐릭터가 그려진 제품에 비해 가면라이더 소시지는 인산염을 사용하지 않은 제대로 된 제품이었다. 가부토, 덴오, 키바 시리즈까지는 그랬다. 그런데 가면라이더 W때 악의 조직 편에 섰는지 인산염을 사용하기 시작했다. 그 후 오즈, 포제, 위저드, 가이무, 드라이브, 고스트, 에그제이드, 빌드, 지오, 제로원, 세이버, 리바이스, 기츠 시리즈에 이르기까지 소시지에서 인산염이 빠질 생각을 않는다. 아이에게는 가면라이더 카드만 주고 소시지는 아빠에게 주자(웃음).

개인적으로 좋아하는 나고야 명물 과자인 우이로에는 인산염이 든 제품과 들지 않은 제품이 있어서 나는 들지 않은 제품으로 골라 먹는다.

㉙ 어린이용 소시지
㉚ 마트와 편의점에서 파는 생크림 제품

마트나 편의점에서 파는 생크림이 든 제품 중에는 건질 수 있는 것이 없다㉚. 인산염은 표시 방법에 따라 얼마든지 숨길 수 있다. 'pH 조정제', '팽창제' 등 '인산염'이라고 쓰여 있지 않아도 '휘핑크림' 뒤에 숨어 있기도 하니 주의해야 한다(【일괄명 표시】70페이지 참조).

이런 생크림 제품을 먹을 때는 견과류를 함께 먹는 등 미네랄 보충을 잊지 말자.

㉛은 세븐일레븐 '달걀 샐러드'의 원재료 표시다. 첨가물이 적어 보이는가? 그렇게 보일 뿐이다. 원재료 표시에 '달걀 샐러드'라고 쓰여 있다. 이 안에 무수한 첨가물이 숨어 있다. '빵' 속에도 많은 첨가물이 숨어 있다. 자사 공장에서 소재부터 만들었는지, 아니면 하청을 주고 만들어진 제품을 사들였는지에 따라 원재료 표시가 크게 달라진다. 주원료가 '달걀 샐러드'라면 매입 제품으로 첨가물이 숨어 있을 테고, 주원료가 '달걀'이면 자사 공장에서 만들었구나, 첨가물이 적겠구나, 하고 짐작할 수 있다. 같은 이유에서 '빵'보다 '밀가루' 표시가 더 바람직하다.

㉛ 달걀 샐러드 롤, 명칭: 조리 빵, 원재료명: 달걀 샐러드, 빵/호료(가공전분, 잔탄검), 유화제, 착색료(카로티노이드), V.C, (일부 알·유성분·밀·대두 포함)

원재료 표시를 볼 때 무심코 첨가물만 보게 되는데, 소재부터 만들었는지도 챙겨 봐야 한다. 매입 제품을 사용하면 원재료 표시가 아주 간단해진다. 여기에 속지 말자.

야마자키의 ‘런치팩’㉜ 시리즈 중에서도 피넛 제품은 그래도 괜찮지만, 인공감미료인 아세설팜칼륨이나 합성보존료인 소르빈산칼륨이 든 제품도 있으니 원재료를 잘 살펴보고 골라야 한다. 대부분 인산염도 사용되었다.

연말연시 파티 요리나 호텔의 술안주 뷔페, 설음식 등은 모두 냉동 내성을 높이는 인산염으로 신선함을 유지한다. 갓 만든 신선함, 냉동 기술을 지탱하고 있는 것이 인산염이다. 그래서 설음식은 ‘호화(豪華) 인산염 모둠 도시락’㉝이나 마찬가지다. 그러나 생협(생활협동조합) 등의 제품에는 ‘어묵 제품에 인산염을 사용하지 않았습니다’ 또는 생선 부침에 ‘무(無)인 다진 살 사용’이라고 쓰여 있기도 하므로 잘 찾아보면 괜찮은 설음식도 많다.

마트에서 파는 저렴한 크로켓㉞에도 인산염이 사용된다. 단, ‘인산염’이라는 말은 없다. 원료인 건조 매시 포테이토 속에 표시 면제된 인산염이 숨어 있다.

미네랄이 빠진 데친 채소 중에서 연근이나 우엉㉟에는 선명한 색

㉜ 런치팩 크런치 초코 피넛

과 식감을 유지하도록 메타인산나트륨이라는 중합인산염이 사용된다. 가뜩이나 미네랄도 없는데 미네랄을 부족하게 만드는 첨가물을 사용해서 더블 펀치를 날리는 식품이다. 가공육, 소시지나 햄에도 대부분 인산염이 사용된다.

미네랄을 보충하는 데는 낫토, 두부 등 콩 제품이나 작은 생선, 삶은 달걀 등이 좋다. 다만 모두 냉장 보관 식품이므로, 가방에 넣어 둘 비상식으로는 견과류 믹스 제품이 편리하다. 아이나 어르신 간식으로도 아몬드멸치를 추천한다.

캔두, 세리아, 다이소와 같은 100엔 숍에서 저렴한 멀티 미네랄 건강보조식품㊱을 파는데, 싸다고 이런 제품으로 보충할 생각은 접자.

㉝ 설음식 도시락
㉞ 건조 매시 포테이토, 감자(비유전자변형식품), 글리세리드, 피롤린산Na, pH 조정제
㉟ 데친 채소, pH 조정제, 산화방지제(V.C), 표백제(차아황산Na), 메타인산Na

③⑥ 멀티 미네랄 건강보조식품

미네랄은 팀워크로 작용하기에 코발트와 바나듐 등 아는 사람만 아는 미량 미네랄이 체내에서 중요한 역할을 담당한다. 유명한 10가지 미네랄만 잔뜩 섭취하면 미량 미네랄의 흡수를 방해할 수도 있다.

그럴 바에야 낫토나 두부를 먹으면 저렴한 가격으로 다양한 종류의 미네랄을 섭취할 수 있으니 식품으로 열심히 보충했으면 한다.

★ 어떤 것이 '중합인산염'의 일괄명 표시일까?
  '일괄명 표시'란 무엇인가?

식품 표시에 '중합인산염'이 어떤 식으로 표시되는지 그 패턴을 정리해 보았다.

그 전에 '일괄명 표시'에 대해서 잠깐 짚고 넘어가겠다.

'일괄명 표시'란 '14가지 종류(※이스트 푸드, 검기초제, 소다수, 효소, 광택제, 향료, 산미료, 조미료, 두부용 응고제, 쓴맛을 내는 조미료, 유화제, pH

조정제, 팽창제, 연화제)에 적용된다. 일괄명으로 사용되는 첨가물은 "식품표시기준에 대하여"에서 규정한 일괄명의 정의(목적) 및 첨가물의 범위에 해당하는 경우에 한하여 물질명을 표시하는 대신 일괄명 표시를 할 수 있다'(동경복지보건국에서 일부 발췌)라고 되어 있다.

즉, 여러 종류의 첨가물을 사용해도 일괄명으로만 표시하면 된다는 뜻이다.

예를 들어, 어떤 상품이든지 간에 '팽창제' '부풀림가루' '베이킹파우더'라는 말이 있으면 거의 중합인산염이 숨어 있다고 볼 수 있다. 메타인산나트륨과 폴리인산칼륨을 사용해도 '팽창제'라고만 표시하면 된다. 메타인산나트륨이나 폴리인산칼륨을 묶어서 '인산염(Na, K)'으로도 쓸 수 있는데, '팽창

㊲ 가공치즈, 자연치즈(외국제조)/유화제

㊳ 중국식 볶음면, 글리신, 소다수, 치자 색소, 보존료(이리단백)

71

제' 한 단어로만 표시해도 된다면 그러는 편이 더 짧아서 좋지 않겠는가. '팽창제'로 표시하여 전부 숨길 수 있다. 마음에 들지 않는 규정이지만 어쩔 수 없다.

치즈의 '유화제'[37]에도 중합인산염이 숨어 있는데, 캔커피의 '유화제'에는 인산염이 들어있지 않다. 규정에 따르면 치즈일 때만 '유화제' 표시에 중합인산염 종류를 숨길 수 있다.

중국식 면 제품의 '소다수'나 'pH 조정제'[38]에도 중합인산염이 숨어 있을 가능성이 있다.

| 저렴한 멀티 미네랄 건강보조식품

[39] 멀티 미네랄 건강보조식품

칼슘과 철, 마그네슘 등 중요한 미네랄을 제대로 섭취하는 것, 나라에서 정한 섭취 기준을 충족하도록 충분히 섭취하는 것도 매우 중요하지만, 더 중요한 것이 있다. 바로 아직 많은 연구가 이루어지지 않은 미량 미네랄도 잘 챙겨서 섭취하는 일이다.

시판되는 멀티 미네랄 건강보조식품❸❾에는 함유 미네랄이 많아 봐야 10종류밖에 되지 않는다. 식품에 미량밖에 함유되지 않은 데다가 연구 결과도 많지 않은 미량 미네랄은 건강보조식품으로 보충하기 어렵다. 식품을 통해 섭취하고 있잖아요? 그렇게 말하고 싶겠지만, 미량 미네랄은 중합인산염에 붙잡히면 기껏 식사로 섭취해도 그 양이 급격히 줄어든다. 건강보조식품으로 보충할 수 있으면 좋으련만, 건강보조식품에 코발트나 바나듐 등 미량 미네랄은 들어있지 않다.

다시 한번 말하지만, 미네랄은 체내에서 팀워크로 작용한다. 몸속에서 드라마를 촬영 중이라고 상상해 보자. 칼슘이나 철 등 주역도 물론 중요하지만, 중요한 만큼 혹시라도 부족할 때는 뼈를 녹여 칼슘을 얻거나, 혈액에 있는 철을 가져오면 되도록 준비되어 있다. 그런데 촬영 스태프인 코발트나 바나듐이 현장에 없는 바람에 촬영이 중단되는 일이 종종 생긴다. 다음 식사 때 현장에 오는가 싶더니 중합인산염에게 붙잡혀 변으로 나가버려서 또 다음 식사 때까지 기다려야 한다. 촬영이 진행될 리가 없다.

미네랄에는 '상호작용'이 있다. 인을 너무 많이 섭취하면 칼슘 흡수를 방해하듯이, 각각 과다 섭취하면 흡수를 방해하는 관계에 있는 미네랄이 존재한다. 칼슘을 너무 많이 섭취하면 철을 흡수하는 데 방해를 받는다. 철을 과하게 섭취하면 망간을 흡수하는데 방해를 받는다. 염분(나트륨)을 너무 많이 섭취하면 칼륨을 흡수하는데 방해를 받게 된다. 참고로 채소를 많이 먹으면 많은 양의 칼륨을 섭취할 수 있다. 컵라면으로 염분을 과다 섭취해도 채소로 섭취한 칼륨이 과도한 나트륨을 어떻게든 해 준다. 나트륨과 칼륨은 서로 팽팽한 관계에 있으므로 염분을 과다 섭취한다는 생각이 들 때는 첨가물이 가득한 저염 식품을 열심히 먹을 것이 아니라 우선 채소나 해조를 많이 먹으면 어떨까? 타도하자, 나트륨! 이에 가장 유력한 것은 저염이 아니라 채소(칼륨)를 충분히 섭취하는 일이다.

어느 특정 미네랄만 섭취할 수 있는 건강보조식품은 병원에서 검사를 받고 의사의 처방에 따라 먹는다면 괜찮다. 해당 미네랄이 부족한 게 사실이니 말이다. 하지만 일상적으로 비전문가의 판단에 따라 특정 미네랄만 과다 섭취하면 미네랄을 섭취해서 좋은 것이 아니라, 오히려 일부 미네랄만 과다 섭취함으로써 흡수를 방해받는 미량 미네랄이 생긴다는 사실을 잊지 말아야 한다.

미량 미네랄을 흡수하지 못하게 만드는 것은 인산염만이 아니다. 주요 미네랄도 너무 많이 섭취하면 위험하다.

교토대학 동물영양과학 분야에서 미네랄의 상호 관계에 관한 보고서를 발표했는데, 굉장히 복잡하다. 인간도 동물이니 아마 마찬가지일 텐데, 미네랄은 서로 영향을 주고, 방해하고, 함께 작용하기도 한다. 건강보조식품으로 극히 일부만 섭취해도 안 된다.

코발트는 유황과도 함께 작용하고, 망간(망가니즈)과도 함께 작용하며, 요오드(아이오딘)와도 함께 작용하기에, 코발트가 부족하여 팀을 짜지 못해서 제대로 작용하지 못하는 일도 있다. 어떤 미네랄의 과부족은 다른 미네랄의 대사에 영향을 미친다.

반대로 독성을 발휘하는 미네랄도 있다. 어떤 특정 미네랄을 너무 많이 섭취했을 때 그 독성을 해독해 주는 것 역시 미네랄이다. 필수 미네랄만 섭취하고 안심할 것이 아니라 가능한 한 식품 또는 식품에서 추출한 자연적인 건강보조식품으로 다양한 종류의 미네랄을 폭넓게 섭취했으면 한다.

▮ 스트레스와 미네랄 소모

영양학 분야에서 '사람은 스트레스를 받으면 체내 미네랄을 대량으로 소비한다'고 알려졌다. 강한 스트레스를 받는 사람은 미네랄을 아무리 섭취해도 부족하다. 미네랄을 보충하지 않으면서 스트레스를 받는 사람은 만성적인 미네랄 부족인 '신형 영양실조'에 걸린다.

건강 만들기의 3원칙을 아는가? '식사' '운동' '수면'이다.

나는 괜찮아! 라고 생각해도 첨가물이나 농약에 너무 예민하게 굴다가 오히려 스트레스를 받는 사람도 많다. 그러면 미네랄이 부족해져 건강을 유지할 수 없다.

그런 의미에서 보면 '식사'에 스트레스를 받는 사람도 의외로 많지 않을까? 그래서는 기껏 미네랄을 섭취해도 점점 미네랄이 부족해진다.

채소가 몸에 좋은 이유는 '가벼운 독을 포함해서'라는 설을 들어 본 적이 있는가? 채소는 병원균이나 해충으로부터 자신을 보호하고자 쓴맛 성분=가벼운 독을 만드는데, 이것이 인간에게는 적당한 스트레스로 다가온다고 한다. 가벼운 스트레스에 노출됨으로써 나중에 강한 스트레스를 받아도 이에 대항하는 저항력을 기를 수 있다고 한다. 예를 들어 카레에 든 쿠르쿠민 성분이 주는 가벼운 스트레스는 몸에 좋다.

한편 '해야 한다' '열심히 해야 한다'와 같은 강한 스트레스는 체내의 미네랄을 소모하는 나쁜 스트레스다. '미네랄을 섭취해야 해' '첨가물을 멀리해야 해' '농약을 먹으면 큰일 나' 등 식사에 너무 예민해지면 건강을 위해서 하는 일이 오히려 역효과를 내기도 한다.

중요한 '식사'가 나쁜 스트레스를 낳는 원인이 되고 있지는 않은가? 그 나쁜 스트레스를 해소하는 데 체내의 미네랄을 소모하고 있다.

식사를 굉장히 조심하던 엄마가 병에 걸리고, 매일 점심에 편의점 도시락을 먹던 남편이 멀쩡한 일도 있다. 편의점 도시락을 먹은 남편은 멀쩡한, 반면 이를 보고 안달하던 부인이 아픈 일도 있다. 이상한 역전 현상이 일어나고 있다(웃음).

제로 리스크를 추구할 필요는 없다. 자기 자신이나 가족이 어느 정도 실수해도 용서하는 자세가 중요하다.

가족과 싸우면서까지 멀리해야 할 첨가물 따위는 없다. 자신이 통제할 수 없는 부분에서는 고집하지 말자.

▌미네랄이 부족한 아이들

요즘 들어 특별지원학급에 속한 아동 수의 급증이 문제시되고 있다. 저출산으로 계속 감소하다가 2000년 즈음부터 증가세로 돌아선 후로 지금도 계속 증가하는 추세다. 주로 발달 장애를 가진 아이가 늘고 있다.

편의점 음식을 사 먹거나 외식하는 일이 늘고, 데친 식품이 증가한 데다가 중합인산염의 사용이 증가한 것은 버블 경제(1986년부터 1991년을 말함)가 붕괴한 이후다. 이전에도 첨가물이 가득한 세상이었지만, 1990년대 후반부터 미네랄을 부족하게 만드는 첨가물이 늘었다. 발달 장애를 가진 아이들의 증가와 미네랄 부족을 초래하는 첨가물 사용이 늘어난 시기가 정확히 겹친다. 78페이지의 그래프④를 보자. 점선으로 표시한 전국의 아동 수는 저출산으로 줄어들고 있는데도 특별지원학급에 배정받은 발달 장애 아동 수(실선)는 늘고 있다.

발달 장애가 있는 아이들이 모두 선천성이라고는 생각하지 않는다. 미네랄 부족으로 인한 신형 영양실조에 걸려 침착하지 못한 아이가 선천성 발달 장애로 여겨지는 것은 아닐까? 미네랄을 보충하면 침착함을 되찾지 않을까? 그런 가설 아래 모니터 조사(당시 내가 근무하던 NPO 법인 식품과생활의안전기금)를 실시했다.

그 결과 자폐 스펙트럼 장애로 진단받은 초등학교 2학년 남자 아이가 미네랄을 보충하자 수업 중에 돌아다니거나, 날뛰거나, 울

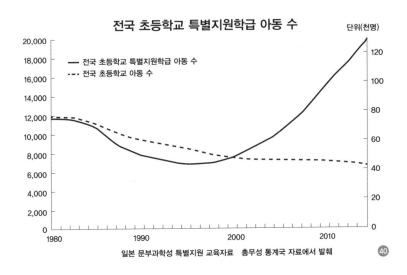

전국 초등학교 특별지원학급 아동 수

단위(천명)

— 전국 초등학교 특별지원학급 아동 수
--- 전국 초등학교 아동 수

일본 문부과학성 특별지원 교육자료 총무성 통계국 자료에서 발췌 ④

부짖지 않게 되었다.

미네랄 섭취를 의식한 식사 개선으로 이렇게까지 침착해졌다는 말은 아마도 선천성 발달 장애가 아니라 미네랄 부족에 따른 신형 영양실조로 침착함을 잃었던 것이 아닐까.

동시에 침착하지 못한 아이만 미네랄을 섭취할 일이 아니라는 생각도 들었다. 아이 앞에서 부모가 먼저 미네랄을 섭취했으면 한다. 감정적으로 아이에게 잔소리를 퍼부으며 꾸짖다 보면 '내가 바보라서 엄마가 또 화낸다'라는 생각에 좀처럼 아이의 자기 긍정감이 높아지지 않는데, 반대로 부모가 계속 스스로를 탓하며 울면 '내가 바보라서 엄마가 또 우네' 하는 생각에 언제까지고 아이의 자기 긍정감은 높아지지 않는다.

부모도 미네랄이 부족한 것이다. 먼저 부모가 미네랄을 보충해서 아이가 날뛰었을 때 "나중에 같이 정리하자" 하고 미소만 지어 주어도 아이는 '사랑받고 있다'고 느낀다. 살아 있어도 괜찮다는 자기 긍정감이 솟는 것이다. 우선은 부모가 미네랄을 잘 섭취하여 자신의 기분부터 끌어올리자.

당시 나도 협력했던 모니터 조사 내용에 관해서는 《먹지 않으면, 위험해!》라는 책에 미네랄을 보충함으로써 극적으로 개선된 사례가 많이 실려 있으니 관심 있다면 꼭 읽어 보기를 바란다.

| 미네랄 흡수를 UP! 하는 조리법

　어떻게 하면 미네랄을 더 잘 섭취할 수 있을까.

　먼저 데친 국물은 버리지 말자. '찜'이냐 '구이'냐 하면 '찜'이 더 좋다. 바닥이 두꺼운 무수분 냄비는 잘 타지 않는다. 수프나 카레, 스튜처럼 끓인 국물도 먹을 수 있는 요리를 만들면 좋겠다.

　그리고 '육수'가 중요하다. 미네랄 하면 '육수'인데, 역시 무첨가 제품을 선택하자. '다시노모토'나 '혼다시' 제품에는 '아미노산'이나 'ㅇㅇ 추출물' 따위의 인공적인 감칠맛 조미료가 들었다. 맛은 있지만, 미네랄이 부족하다. 추천하고 싶은 제품은 무첨가 천연 육수 팩인데, 가다랑어 맛보다 멸치 맛을 고르면 더 많은 미네랄을

㊶ 미네랄이 풍부한 식자재

섭취할 수 있다.

평소에 식사하거나 요리할 때 미네랄이 풍부한 식자재❹(말린 멸치, 해조, 어패류, 채소, 잡곡, 메밀, 견과류, 참깨, 낫토, 두부, 버섯 등)도 적극적으로 활용하자.

매일같이 소고기 덮밥집에서 끼니를 때운다면 100엔짜리 샐러드 (채 썬 양배추)보다 낫토(낫토가 입에 맞지 않는다면 두부도 가능)가 미네랄 보충에 도움이 된다. 하얀 식빵을 좋아하는 사람은 호두빵이나 현미빵, 통밀빵 등으로 바꾸면 조금이나마 미네랄을 섭취할 수 있다.

그리고 유기산의 '신맛 성분'은 미네랄 흡수율을 높인다. 귤이나 키위, 레몬, 자몽의 구연산 성분, 무첨가 겨된장에 담근 장아찌나 김치의 젖산 성분 그리고 채소의 비타민 C와 초무침의 아세트산 성분이 유기산에 해당한다.

▎미네랄 수치의 철저한 비교

편의점 도시락과 패밀리 레스토랑 메뉴에는 많은 첨가물이 사용되는데, 첨가물 자체보다는 미네랄 부족으로 몸에 악영향을 주기 쉽다.

나라에서 정한 섭취 기준과 비교하여 어느 정도 미네랄이 부족한지 공표한 실측값이 있으니 관심이 있다면 읽어 보기를 바란다.

NPO 법인 식품과생활의안전기금에서 《심신을 해치는 미네랄 부족 식품》[42]이라는 책자를 냈다. 사실 나의 전 근무처에서 낸 책자인데, 당시 내가 분석한 미네랄 성분도 다수 수록되어 있다. 주로 다섯 종류(칼슘, 마그네슘, 철, 아연, 구리)의 미네랄을 조사했을 뿐이지만, 전체적인 경향은 파악할 수 있었다. 전부 식사 섭취 기준에 미치지 못했다. 그래도 소식한다면 미네랄 부족을 일으키지 않지만, 칼로리를 충분히 섭취하는데도 미네랄이 기준에 미치지 못한다면 미네랄 부족으로 신형 영양실조에 걸린다.

미네랄 섭취량이 기준에 미치지 못하더라도 강력한 위액과 높은 소화 흡수력을 가졌다면 미네랄 부족 상태에 이르지 않는다. 이처럼 유전적으로 소화효소를 팍팍 낼 수 있도록 타고난 사람은 미네랄 섭취량이 적어도 병에 걸리지 않고 신형 영양실조에 걸리지도 않는다.

그런데 일반인은 조사한 다섯 가지 미네랄이 기준에 미치지 못하는 식생활이 한 달가량 이어지면 병이 난다. 나라에서 정한 식사

[42] [증보 개정판] 식품과생활의안전 2021.2 NO.382 별책
시판 181식품의 실측 자료집
심신을 해치는 미네랄 부족 식품

섭취 기준에 따르면 미네랄이 부족할 경우 건강을 유지할 수 없다는 뜻이다.

편의점 도시락을 먹으면 칼로리와 단백질 모두 제대로 섭취할 수 있지만, 미네랄은 나라에서 정한 기준에 미치지 못했다. 포장 전문 도시락 체인점에서 미네랄을 조금이나마 섭취할 수 있을 것 같은 김, 돼지고기, 달걀, 참깨, 말린 멸치, 톳이 들어있는 도시락을 측정해도 철과 구리만 겨우 기준치에 달했을 뿐이었다.

냉동식품은 측정하기도 전부터 미네랄이 부족하겠다 싶었는데, 예상했던 대로였다. 일식 패밀리 레스토랑 점심 메뉴를 분석해 보니 마그네슘은 기준에 미쳤지만 다른 미네랄은 부족했다. 패밀리 레스토랑의 이탈리안 메뉴는 괜찮다. 치즈나 토마토에서 쉽게 미네랄을 섭취할 수 있다. 회사 구내식당도, 고령자를 위한 저녁 배달 서비스 음식도 미네랄이 기준에 미치지 못했다. 그렇다고

㊸ 수제로 유명한 학교 급식

굶을 수는 없는 법이다. 밥에 후리카케(밥 등에 뿌려 먹는 일본식 조미료)를 뿌려 먹으면서라도 미네랄을 보충하자.

가다랑어포(가쓰오부시)보다는 말린 멸치 후리카케를 추천한다. 잡곡 후리카케도 좋다. 잘게 잘라 얹은 김이나 참깨에서도 미네랄을 섭취할 수 있다. 과자로 미네랄을 보충하겠다면 칼슘은 바닐라 아이스크림, 마그네슘은 감자칩, 철이나 아연은 아몬드 초콜릿이 괜찮다. 아몬드멸치는 더할 나위 없이 좋다.

책자를 보면 과연 미네랄이 기준치에 달하는 식품이 있을까 싶어 걱정스럽겠지만, 식자재를 칼로 자르는 과정부터 직접 조리하면 저절로 충족된다.

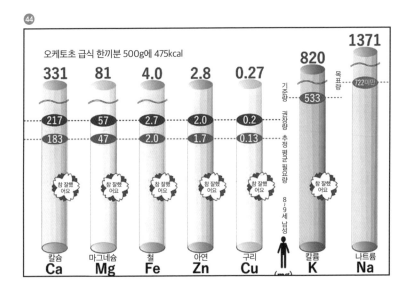

84

그 증거를 하나만 소개하겠다. 수제로 유명한 홋카이도 오케토 초지역의 학교 급식이다❸. 1주일분 식단을 냉동 택배로 받아 분석해 보았다❹.

반찬 색이 전체적으로 갈색인데, 조리하고 나서 시간이 지남에 따라 공기 중의 산소와 미네랄 성분이 달라붙어 갈색으로 변했을 수도 있다. 갈색을 띤 음식 중에는 미네랄이 풍부한 것이 많다.

분석 결과를 보니 역시 훌륭했다. 이렇게 미네랄이 풍부한 식사를 하면 아동의 정신상태가 안정되어 학교 폭력이 쉽게 발생하지 않고, 교사도 학급을 운영하기 편할 것이다. 요리를 직접 만들기만 해도 미네랄을 충분히 섭취할 수 있다. 참고로 색이 선명한 마트 반찬은 미네랄이 기준에 미치지 못하는 경우가 많다.

제 3 장

멀리해야 할
위스트 첨가물 순위

위험한 첨가물

필자가 지금까지 '미네랄의 중요성'에 대해 여러 번 반복하여 이야기했다.

장(腸)에 악영향을 미치는 첨가물은 미네랄 흡수를 방해하므로 되도록 멀리하는 편이 좋다는 것의 나의 의견이다. 그런데 장단점을 고려하여 그래도 필요하다 싶으면 나도 일시적으로 인공감미료가 든 약을 먹는다.

우리나라는 첨가물도 농약도 기준이 느슨한 나라다. 그중에 조심해야 할 요소가 있다. 그러니 농약이나 첨가물을 섭취했다고 해도 다음 식사나 다음 날 식사에서 미네랄을 보충하고자 의식하면 좋겠다. 자칫 잘못 먹은 첨가물을 더는 먹지 않도록… 하는 것이 아니라. 일상적인 식사를 하면서 필요한 미네랄을 의식적으로 섭취함으로써 최대한 즐겁게 첨가물을 멀리하면 된다.

앞으로 다룰 워스트 식품첨가물 10종류는 나라에서 인가한 첨가물이다. 미네랄을 충분히 섭취하는 사람에게는 지금 당장 건강에 영향을 미칠 문제는 아니다. 다만 다른 무첨가 유사품도 파는데 굳이 몸에 부담을 주는 첨가물을 먹을 필요가 있을까.

대부분의 첨가물은 인체에 필요 없는 화학물질이기에 비타민이나 미네랄을 사용하여 제거된다. 발암성이 있으니 첨가물을 멀리하라는

것이 아니라 인체에 필요한 미네랄을 소모하기 때문에 첨가물을 멀리
했으면 한다.

저자가 멀리하는 첨가물 워스트 10

① 인공감미료 (합성감미료)

② 합성착색료

③ 합성보존료

④ 곰팡이 방지제

⑤ 발색제 (아질산나트륨)

⑥ 단백가수분해물 및 효모 추출물

⑦ 화학조미료

⑧ 팜유

⑨ 유화제

⑩ 가공전분과 증점다당류

① 인공감미료 (합성감미료)

개인적으로 가장 멀리하는 첨가물 1위는 인공감미료다.

㉮ 아스파탐(Aspartame; 1981년 FDA가 사용 승인한 감미료)

㉯ 아세설팜칼륨(Ace-k, Acesulfame potassium; 1988년)

㉰ 수크랄로스(Sucralose; 1998년)

㉱ 네오탐(Neotame; 2002년)

㉲ 어드밴텀(Advantame; 2014년)

㉳ 사카린(Saccharin; 1879년 발견되어 사용되었으며, 1977년 식품 첨가물로 규제)

이 여섯 가지는 쇼핑할 때 꼭 손에라도 적어서 갔으면 할 정도로 멀리해야 할 인공감미료다.

위험성과 그에 따른 증거는 뒤에 언급하겠지만 인공감미료는 장(腸)과 장내 세균에 악영향을 미친다. 장 상태가 나빠지면 장뇌(腸腦) 상호작용에 따라 뇌가 불안해진다. 그 결과 정신적으로 불안정해지므로 몸에 큰 영향을 미친다.

독성으로 따지면 1위를 차지할 첨가물은 따로 있다. 다만 합성보존료나 합성착색료와 달리 인공감미료는 '몸에 좋다고 생각해서 사는 사람도 있다'는 점에서 문제라고 생각한다. 당류가 가득 든 주스도 몸에 부담을 주지만, 인공감미료를 사용한 제로 칼로리 주스 또한 몸에 부담이 된다.

㊺ 코카콜라

사이다, 콜라, 칼피스 등 청량음료는 당

류를 많이 함유하고 있다. 예를 들어 콜라㊺는 스틱 설탕으로 환산 하면 18.8개 분량의 당류가 들었다. 요구르트㊻는 스틱 설탕 3.8개 분량이다.

살아서 장까지 가는 유산균이 들었다고 하니 몸에 좋다는 생각 에 매일 꾸준히 마시는 사람도 있는데, 매일 3.8개 분량의 정제당 류를 들이켜도 정말 몸에 좋을까. 이처럼 미네랄이 들어있지 않은 대량의 탄수화물 대사 과정에서 체내에 비축된 미네랄이 소모되 니 큰일이다.

그래서일까. 제로 칼로리에 칼슘을 더한 '제로 칼피스'㊼가 잘 팔린다. 안타까운 것은 '아스파탐' '아세설팜K(칼륨)' '수크랄로스' 가 들었다는 점이다.

코카콜라는 특보 콜라도 제조하는데 여기에도 인공감미료가 가득하고, 기린의 특보 콜라에도 역시 인공감미료 세 종류가 들었 다. 참고로 인 공감미료로 '아 스파탐' '아세 설팜K(칼륨)' '수크랄로스'의 세 가지 조합이 많은 이유는 설탕 맛에

㊻ 특정보건용식품
살아서 장까지 가는 유 산균 요구르트

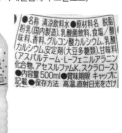

㊼ 제로 칼로리 칼피스
감미료(아스파탐, L-페닐알라닌화합 물, 아세설팜K, 수크랄로스)

가까워지기 때문이다.

왜 내가 이러한 인공감미료들을 문제 삼는지 궁금한가? 살을 빼고 싶은 사람이나 당뇨병이 있는 사람들이 마시면 역효과를 낸다는 사실을 보여주는 논문이 있기 때문이다. 쥐를 대상으로 한 실험에서도 오히려 살이 찐다는 결과가 나왔다. 이 메커니즘을 간단하게 설명하자면, 제로 칼로리 청량음료에는 설탕도 칼로리도 없지만 달콤한 맛이 난다.

그러면 뇌는 설탕이 듬뿍 든 주스를 마셨다고 착각한다. 그리고 혈당 수치가 급상승할 것을 예상하여 단맛을 느낀 시점에서 미리 혈당 수치를 낮추는 인슐린 호르몬을 분비한다고 한다. 그런데 실제로 마시고 있는 제로 칼로리 음료에는 당류가 들어있지 않기에 인슐린을 만든 만큼 혈당 수치가 떨어진다. 그러면 몸은 바로 혈당 수치를 회복하고자 '공복(空腹)' 신호를 보낸다. 즉, 인공감미료 음료를 마시면 마실수록 식욕이 증가하는 것이다. 당뇨병이 있는 사람이나 다이어트 중인 사람이 이러한 제로 칼로리 음료를 마시면 오히려 살이 찌거나 혈당 수치 조절에 실패하여 당뇨병에 걸리고 만다.

몇 년 전에 과학잡지 〈네이처(Nature)〉에서 이스라엘 연구팀이 인공감미료가 당뇨병과 비만 등 생활습관병의 위험을 높이고, 대사와 관련된 장내 세균의 균형을 무너뜨려 혈당 수치가 떨어지지 않는 상태로 만든다는 연구 결과를 발표했다. 이는 실험용 쥐를 대상으로 한 연구였지만, 2022년에는 국제 학술지 〈쎌(Cell)〉에 사람을 대상으로 한 비슷한 시험에 관한 보고가 실렸다. 인공감미료는 인간의 장(腸)에 사는 세균의 기능을 방해할 뿐만 아니라, 식후에 혈당 수치가 쉽게 떨어지지 않도록 만들 가능성이 있는 것으로 나타났다. 혈중에 포도당이 오래 머물수록 당뇨병, 심혈관 질환, 만성 신장병(腎臟病)에 걸릴 위험이 커진다고 한다.

인공감미료가 든 음료를 마시고 마른 몸매로 당뇨병에 걸릴 바에는 차라리 당이 잔뜩 든 음료를 마시고 살이 쪄서 당뇨병에 걸리는 편이 치료하기 쉽지 않을까.

몇 년 전에는 일본 국립건강·영양연구소에서 미국의 케이스웨스턴리저브대학교에서 실시한 동물실험 보고를 발표했다. 인공감미료의 일종인 수크랄로스가 염증성 장(腸) 질환인 크론병을 악화시킨다는 내용이었다. 2022년에는 프랑스 국립보건의학연구소의 연구에서 인공감미료 섭취량이 많으면 암에 걸릴 위험이 약간 커질 수 있는 것으로 나타났다. 급기야 발암성 의혹까지 제기된 것이다.

이러한 수많은 논문이 속출하는데도 나라에서는 인가를 취하하지 않는다. 어째서일까? 안전성을 증명하는 논문도 못지않게 많기 때문이다. 아마 인공감미료를 팔고 싶은(사용하고 싶은) 세력에서 인공감미료의 안전성을 증명해 주는 연구자에게 돈을 줬을 수도 있다. 애초에 설탕 등 당류를 팔고 싶은(사용하고 싶은) 세력에서 인공감미료의 위험성을 증명해 주는 연구자에게 돈을 댔을 테니 둘 다 나쁘기는 마찬가지다.

인공감미료는 어떤 음료와 음식에 사용될까?

먼저 ㉜의 스포츠음료를 살펴보자. 사진에 있는 제품들이 대체로 잘 나가는 베스트 10이다. 70%에 인공감미료가 들었다. 포카리스웨트와 아쿠아리우스 중에서는 포카리스웨트가 낫다.

그런데 마트에서는 대개 아쿠아리우스를 더 싸게 판다㉝. 사실 인공감미료는 저렴하게 단맛을 낼 수 있기에 비용 절감하는데 결정적인 수단이다. 비싸도 포카리스웨트를 마시도록 하자. 스포츠

포카리스웨트

이온워터

아쿠아리우스 - 수크랄로스

아쿠아리우스 제로 칼로리 - 아세설팜 K, 수크랄로스

아쿠아리우스 레몬 - 수크랄로스

밤 레몬맛 - 수크랄로스, 아스파탐, 아세설팜K

밤 사과맛 - 수크랄로스, 아스파탐, 아세설팜K

그린다·카·라

비타민워터 - 수크랄로스

아미노바이탈 - 아스파탐, 수크랄로스

음료는 아니지만 기린의 솔티라이치도 괜찮다.

㊿은 닛신의 완전메시(완전한 밥이라는 뜻). '이거 하나로 영양과 맛의 완전한 균형'이라는 문구대로 닛신의 컵라면보다 '완전메시 카레메시'를 먹는 편이 폭넓게 영양을 섭취할 수 있다. 그러나 안타깝게도 인공감미료를 사용했다. 참으로 아쉽다. 이래서는 불완전메시가 아닌가. 완전메시 스무디에도 마찬가지로 인공감미료가 들었다.

완전메시 제품을 산다면 인공감미료를 사용하지 않은 '완전메시 콩그래놀라'나 '완전메시 부타카라라오 아부라소바'를 고르자. 완전메시와 비슷한 콘셉트로 베이스푸드에서 '완전 영양 빵, 베이

포카리스웨트와 아쿠아리우스

완전메시 카레메시

콩그래놀라

베이스브레드 플레인

2020년

감미료(아세설…)

2023년

카페오레, 감미료 없음

스브레드'(51)를 내놓았는데, 이 빵에는 인공감미료가 사용되지 않았다. 완전메시 시리즈보다 첨가물도 적다. 베이스브레드 제품 중에서도 특히 플레인은 첨가물이 적게 들었다. 메이플, 시나몬, 초콜릿보다 추천할 수 있는 제품이다.

(52)는 글리코의 카페오레다. 2020년에 대폭 리뉴얼하며 인공감미료가 들어갔는데, 2023년 현재는 인공감미료를 사용하지 않는다. 사람들이 사지 않으면 제조사도 인공감미료를 사용하지 않게 된다. 매일 쇼핑하는 것은 투표를 하는 셈이다.

(53) 몬스터 에너지 시리즈

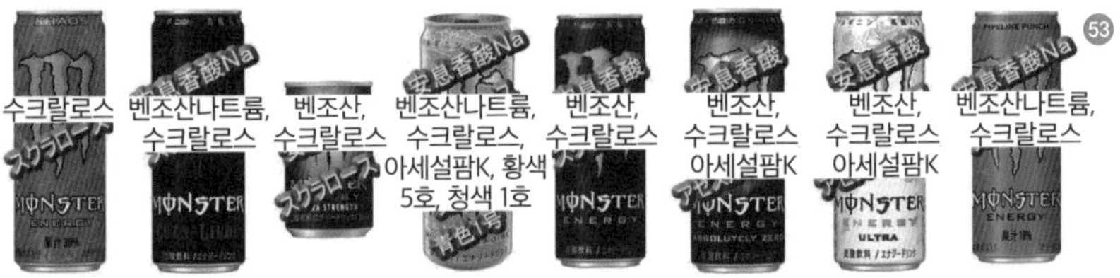

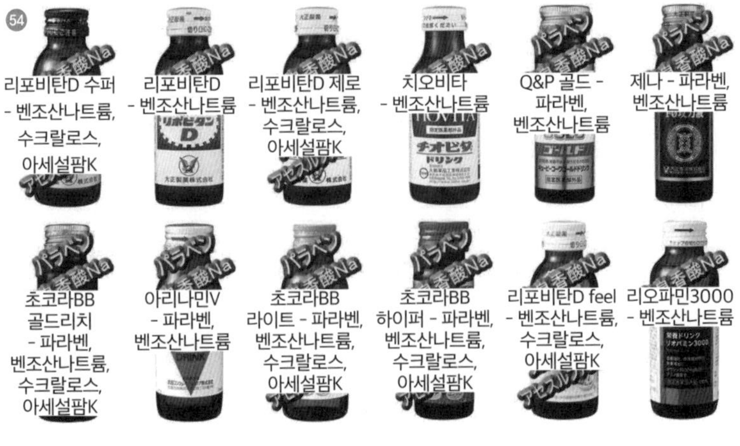

㊼의 몬스터 에너지는 전멸이다. 레드불이 더 낫지만, 레드불 시리즈에도 인공감미료를 사용한 '슈거 프리' 제품이 있으니 주의 해서 골라야 한다.

㊸는 나와 같은 세대가 자주 마시는 에너지 드링크다. 온라인 몰 사이트에서 조사한 인기 베스트 12인데, 70%가 인공감미료를 사용했다. 초코라BB는 참으로 유감스럽다. 인공감미료가 두 가지 나 들었다. 옛날부터 있었던 리포비탄D와 치오비타, 아리나민이 그나마 낫다.

아마 내가 어렸을 때부터 원재료가 그대로이지 않나 싶다. 수 크랄로스도 아세설팜칼륨도 2000년 전후에 인가된 새로운 첨가물 이므로 옛날부터 팔던 음료에는 들어있지 않다. 모든 리포비탄D 시리즈가 더 낫다는 말은 아니고, 당류 0 리포비탄D나 리포비탄D 수퍼는 별로다. 인공감미료가 들었다. 에너지 드링크 대부분은 애 초에 분류상 '식품'이 아니라 '지정 의약외품'이므로 합성보존료가 든 것은 어떻게 보면 어쩔 수 없는 일일 테니 인공감 미료의 유무 만 확인하면

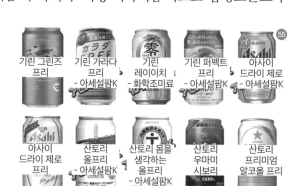

97

될 것 같다.

㉟의 무알코올 맥주도 인공감미료가 든 제품과 들지 않은 제품이 있는데, 선술집에서 흔히 볼 수 있는 아사히의 드라이 제로와 산토리의 올프리 모두에 아세설팜칼륨이 들었다.

캔커피는 특히 저당 제품에 인공감미료가 들었다. ㊱처럼 블랙 무당, 무향료, 무유화제 캔커피를 고르도록 하자.

㊲의 스틱형 카페오레에도 대체로 인공감미료가 들었다.

㊳은 R1 요구르트다. 마시는 타입은 아스파탐, 떠먹는 타입은 수크랄로스, 그 이외에는 당류가 듬뿍 들어서 R1 요구르트 제품을 산다면 무첨가 무당 플레인밖에 선택지가 없다.

㊴의 프로틴, 인기가 많은 자바스 제품은 대부분 인공감미료가 들었다. 일류 운동선수용 상품 중 일부에 인공감미료 미사용 제품이 있으니 일류 운동선수가 아니더라도 일류 운동선수용 자바스 제품을 사자. 고가라서 마음에 들지 않는다면 마트에서 프로틴 대신 무지방 우유를 사면 된다. 무첨가에 단백질도 풍부하다.

㊱ 블랙 무당 리치, 킬리만자로 블랙

㊲ 블렌디 스틱 카페오레
감미료(아스파탐, L-페닐알라닌 화합물, 아세설팜K)

㉖은 주니어용 프로틴인데, 자바스와 웨이더 제품이 크게 다르다. 웨이더는 인공감미료를 사용하지 않아서 조금 더 비싼 가격에 판매되는 경우가 많다. 원재료 표시를 보지 않는 사람은 저렴한 자바스 제품을 살 것이다. 하지만 웨이더 제품을 추천하고 싶다.

단, 웨이더의 주니어용 프로틴 제품 모두 인공감미료를 사용하지 않는 것은 아니다. 웨이퍼스 타

㉘ R1 요구르트 시리즈

아스파탐

아스파탐

아스파탐

아스파탐

아스파탐

아스파탐

아스파탐

수크랄로스

수크랄로스

무첨가·무당
無添加・無糖

㉙ 자바스 시리즈

아스파탐,
수크랄로스,
아세설팜K,
피롤린산 제2철

수크랄로스,
아세설팜K,
피롤린산 제2철

수크랄로스,
아세설팜K

아스파탐,
수크랄로스,
아세설팜K,
피롤린산 제2철

아스파탐,
수크랄로스,
아세설팜K

아스파탐,
수크랄로스,
아세설팜K

아스파탐,
수크랄로스,
아세설팜K

수크랄로스,
아세설팜K

수크랄로스,
아세설팜K

수크랄로스,
아세설팜K

입에는 인공감미료인 수크랄로스가 들었으니 반드시 표시를 확인하고 인공감미료가 들지 않은 제품을 사도록 하자.

㉑은 우마이보 과자다. 다양한 종류가 있는데, 내가 알기로는 인공감미료가 들지 않은 제품은 야채샐러드 맛, 우설(牛舌) 짠맛, 초콜릿 맛뿐이다.

㉒는 글리코의 포키인데, 이전에는 기간 한정 상품에 인공감미료가 들었으니 스테디셀러 제품을 선택하라고 했었다. 그런데 2022년에 에자키글리코의 사장이 바뀌면서 인공감미료 미사용 제품이 늘었다. '진하고 깊이 있는 말차 포키'에서도, '과육이 씹히는

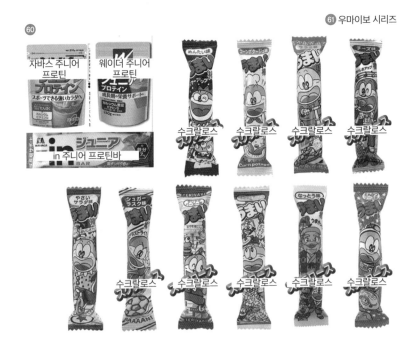

㉑ 우마이보 시리즈

100

㉒ 포키 시리즈

수크랄로스

수크랄로스

수크랄로스　수크랄로스

수크랄로스　수크랄로스

딸기 포키'에서도 인공감미료가 사라졌다. 글리코에게 감사하는 바이다.

㉓은 모나카 아이스크림이다. 모리나가제과의 모나카 아이스크림은 초코모나카 점보를 추천했었다. 바닐라모나카 점보에는 인공감미료가 들었기 때문이었다. 그런데 2022년에 바닐라모나카 점보에서 인공감미료가 사라졌다. 모리나가제과에 감사를 전한다. 롯데의 모나오 제품은 인공감미료가 들어서 추천할 수 없다.

㉓

모리나가제과　ICE CREAM　모리나가유업

아세설팜

아세설팜K, 수크랄로스

⑭는 100엔 숍을 돌다 마지막에 계산대 근처에서 볼 수 있는 작은 봉지 여러 개가 연결된 과자, 이른바 달력 상품인데, 이런 제품은 뒷면을 자세히 살펴보자. 요즘 과자라면 인공감미료 수크랄로스가 들었다. 도하토의 호빵맨 '부드러운 콘'에는 인공감미료 수크랄로스가 들었다. 산다면 옛날부터 있었던 '캐러멜 콘' 제품을 추천한다.

⑮는 피존의 유아용 음료 '깔끔한 아쿠아'인데, 인공감미료 수크랄로스가 들었다. 애초에 '사과'라고 쓰여 있는데 무과즙이라니 무슨 말인가 싶다. 아기에게 전해질을 보충해 주려면 '미네랄 아쿠아'가 더 낫다.

⑯은 와코도의 임산부 & 엄마용 '엽산 캔디'다. 인공감미료인 아세설팜칼륨과 수크랄로스를 사용했다. 실험용 쥐를 대상으로 한 연구에서 이러한 인공감미료가 태반을 통해 어미에서 새끼로 전해지는 것으로 나타났다. 더불어 수유 중에는 모유를 통해 아이에게 전해진다.

⑭ 호빵맨 과자

깔끔한 아쿠아 감미료(수크랄로스)

⑮

■ 70% 줄인 당분(자사 이온음료 미네랄 아쿠아 대비)

시중에는 인공감미료를 사용하지 않은 엽산 건강보조식품도 있다. 와코도 제품 중에서는 '머터니티 차지 철 플러스' 제품이 낫다. 엽산은 임신 기간에 필요한 비타민이니 가능하면 채소에서 엽산을 섭취하도록 하자.

⑥⑦은 엽산을 섭취할 수 있는 음료로 유명한 글리코의 '매일 비테쓰'인데, 여기에도 인공감미료 수크랄로스가 들었다. 글리코 제품 중에서는 '채소 충분한가요?'라는 주스 제품이 낫다.

인공감미료는 저렴하게 단맛을 낼 수 있을 뿐만 아니라 첨가물의 냄새 제거에도 사용되기에 온갖 식품에 들어 있다. 식품 표시를 보면 이 제품에도? 저 제품에도 들어 있다고? 하고 놀랄 정도로 인공감미료가 들어 있는데, 잘 살펴보면 인공감미료를 사용하지 않은 유사품을 찾을 수 있다. 가격뿐만 아니라 원재료 표시도 잘

엽산 캔디

감미료(아세설팜K, 수크랄로스)

1일분의 철과 아연 +
엽산 매일 비테쓰

감미료(수크랄로스)

살펴보자.

② 합성착색료

합성착색료에는 석유로 만드는 타르 색소와 적색, 청색, 황색으로 번호가 매겨진 색소가 있다. 천연착색료로는 캐러멜 색소, 치자 색소, 아나토 색소, 홍화 색소, 코치닐 색소, 랙 색소 등이 있다. 코치닐과 랙은 깍지벌레 유래 성분이다.

제1장에서도 잠깐 언급했는데, 천연착색료라도 코치닐 색소(카민산 색소)에는 알레르기성 문제가 있다. 그러나 최근에는 알레르기를 유발하는 단백질을 줄여서 크게 걱정하지 않아도 될 것 같다. 단 화장품(립스틱 등)에 사용되는 코치닐 색소(카민산 색소)는 주의해야 한다.

합성착색료 중에는 발암성이 의심되는 것도 있으니 멀리하는 편이 무난하다. 그 밖에 얼마든지 무착색(또는 천연색소 사용) 제

도시락

착색료(캐러멜, 황색 4호, 청색 1호,
적색 106호, 적색 102호, 동엽록소)

품이 있으니, 원재료 표시를 보고 가장 나은 제품으로 고르자.

➏➑의 도시락에도 합성착색료가 사용되었다.

➏➒의 브레스케어에는 인공감미료와 함께 합성착색료인 녹색 3호와 황색 4호가 들었다. 녹색 3호도 황색 4호도 EU에서는 사용 금지되었으며, 일본에서도 거의 볼 수 없는 희귀 캐릭터 같은 착색 료다. 한번 먹어보고 싶다면 '브레스케어'를 추천한다. 참고로 같은 고바야시제약 제품인 '씹어 먹는 브레스케어'에는 인공감미료 도 합성착색료도 사용되지 않았으므로 구입해도 괜찮다.

➐➐는 후지산사이다와 후지산콜라다. 아주 색다른 첨가물을 즐 길 수 있다(웃음). 후지산사이다는 청색 1호의 발암성과 인산염에 따른 미네랄 부족 현상을 즐길 수 있다. 후지산콜라는 산 정상의 눈을 형상화한 화이트 콜라인데, 인공감미료로 인한 장내 환경 악 화를 즐길 수 있다. 선물용으로 산다면 꼭 두 종류 모두 사서 사이 가 나쁜 이웃에게 선물하면 되겠다.

착색료(녹색 3호, 황색 4호),
감미료(네오탐)

브레스케어

인산염(Na), 착색료(청색 1호)

후지산사이다

감미료(아세설팜K,
수크랄로스)

후지산콜라

⑦의 화과자의 단면은 청색 1호, 적색 3호, 적색 105호, 세 종류의 합성착색료로 아름다운 그러데이션을 이루고 있다. 합성착색료를 사랑한다면 기념으로 사보자.

⑦는 인기가 아주 많은 '지구젤리'다. 초등학생들이 이 제품을 산다는데 어른도 먹으려면 용기가 필요한 제품이다. 청색 1호와 코치닐 색소를 즐기고 싶다면 먹어보라.

⑦은 무인양품에서 파는 멜론소다다. 이 제품은 합성착색료를 사용하지 않았다. 그런데 매우 수수한 색을 띤다. 이게 멜론소다라고!? 싶을 정도로 수수한 빛깔인데, 천연색소로 초록색을 내는데는 이것이 한계다. ⑦의 멜론소다는 아주 예쁜 멜론색을 띤다. 합성착색료인 황색과 청색을 섞어서 역시 색이 곱다.

⑦는 프리스크의 클린브레스(프레시 민트)인데, 청색 1호가 들었다.

기념품으로 파는 ⑦은 합성착색료를 사용한 제품이 많다. 그림이 그려진 프린트 쿠키 등에도 열에 강한 합성착색료를 사용한다.

착색료(은박) 청색 1호, 적색 3호, 적색 105호

지구젤리

무인양품
멜론소다

산토리
멜론소다

디즈니랜드도 디즈니씨도 유원지 내에 있는 기념품 가게는 오리엔탈랜드사가 판매를 담당해서 합성착색료를 거의 찾아볼 수 없다. 그런데 유원지를 한 발짝만 나가면 디즈니스토어에서 판매하는 과자 제품들이 늘어선다. 오리엔탈랜드와 달리 디즈니스토어의 과자에서는 합성착색료를 쉽게 찾아볼 수 있다.

디즈니랜드에 가면 유원지 내에서 기념품을 사도록 하자. 그러면 합성착색료는 들어있지 않을 것이다.

🄮은 무절임인데, 표시를 보면 착색료(캐러멜Ⅰ)라고 쓰여 있다. 캐러멜 색소는 색소 제조 시에 아황산 화합물과 암모늄 화합물 사용 여부에 따라 캐러멜Ⅰ부터 캐러멜Ⅳ까지 네 종류로 나뉜다. 캐러멜Ⅱ는 아황산 화합물을 사용한 것이다. 캐러멜Ⅲ은 암모늄 화합물을 사용했다는 뜻이다. 카라멜Ⅳ는 둘 다 사용했다는 말이다. 멀리하고 싶은 색소다. 캐러멜Ⅰ은 아무것도 사용하지 않는다. EU에서는 어떤 타입

의 캐러멜 색소인지 구분하여 표시해야 하는 의무가 있는데, 일본에는 없다. '캐러멜 색소'나 '착색료(캐러멜)' 등으로만 쓰면 된다. 이 단무지 절임 제품은 소비자가 안심하고 먹을 수 있도록 일부러 캐러멜 I 으로 표기했다.

캐러멜 색소는 착색료 중에서 용도도 가장 폭넓고, 총사용량도 가장 많다. 식품용 착색료의 80% 이상을 캐러멜 색소가 차지하므로 식품 표시에서 볼 기회가 많을 것이다.

③ 합성보존료

합성보존료는 몇 가지 종류가 있는데, 그 중 '소르빈산'과 '벤조산'이라는 말을 기억하면 대부분 거를 수 있다.

왜 멀리해야 할까? 발암성도 걱정되지만, 장내 세균에 미치는 악영향이 더 걱정거리다. 합성보존료는 미생물이나 잡균의 번식을 억제하는 화학 첨가물이다. 미생물 증식을 억제하니 당연히 장내 세균에도 악영향을 미치지 않을까 걱정되는 것이다.

다만 보존료는 방부제이므로 '필요악'이기도 하다. 보존료가 들어 있기에 안심하고 먹을 수 있는 가공식품도 많으므로 합성보존료의 존재를 무조건 부정할 생각은 없다.

청량음료는 산미료 등으로 pH를 낮추거나 보존료를 사용하지 않으면 식중독에 걸릴 위험이 있다. 물론 한 번에 다 마신다면 식중독에 걸리지 않는다. 단, 마시던 것을 상온에 두었다가 다음날 마시면 입 주변에서 옮겨간 식중독균들이 에너지 드링크 내에서 증식하여 독소를 만들 가능성이 있다. 배탈 정도로 끝나지 않을 수도 있다.

사려는 상품 중에서 보존료가 들어 있지 않은 제품이 있다면 그것을 고르면 된다. 유사한 상품들에 전부 보존료가 들었다면, 미네랄 등 영양 보충이 가능한 것을 고른다.

소르빈산칼륨은 (68)의 도시락 종류(104페이지) 등 저렴한 마트 도시락에 들었다. 그리고 문어 모양을 낸 비엔나소시지에도 들었다. 함부로 아이의 도시락에 넣으면 안 된다(웃음). 보존료 미사용 비엔나소시지는 시중에서 얼마든지 찾을 수 있다.

(53)의 몬스터 에너지(96페이지)에도 벤조산이 사용되었다.

지역 전통 식품이어서 나쁘게 말하고 싶지 않지만, 규슈지역에서 큰 인기를 끌고 있는 (78)의 단맛 간장은 아무래도 보존료를 사용하는 제품이 많다. 에너지 드링크에 든 벤조산나트륨과 유형이 조금 다른 합성보존료인 파라옥시벤조산이 들었다. 파라옥시벤조산은 약이나 화장품 표시에서 볼 수 있는 파라벤에 해

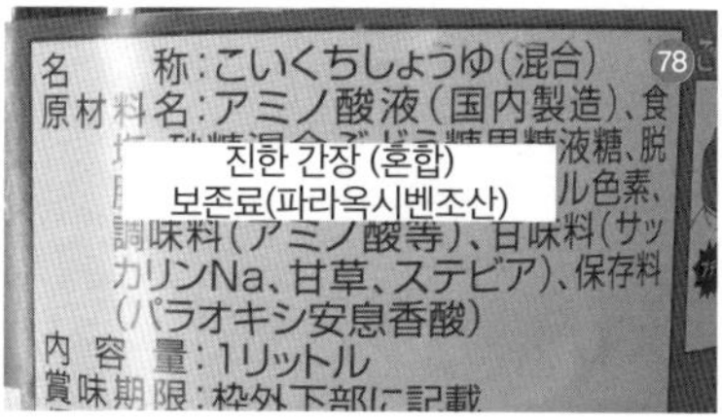

당한다. 후쿠오카지역의 간장 제조사에서는 첨가물을 사용하지 않고 시중의 단맛 간장과 비슷한 맛내기를 추구하는 '자연파 아마쿠치'를 제조하고 있다. 그런 단맛 간장 제품을 고르는 것도 좋은 방법이다.

㉙는 고속도로 휴게소 매점에서 파는 타르트다. 파라옥시벤조산과 벤조산나트륨이 더블로 들었다. 아황산염은 보존료보다는 산화방지제로 사용되는 경우가 많다.

㉘의 리포비탄D 키즈는 리포비탄D보다 더 심각하다. 인공감미료가 든 벤조산이니 아이들이 마시기에 적합하지 않다. 만약 이미 샀다면 아빠가 마시기로 하자.

㉜(68페이지)의 런치팩은 소르빈산이 사용되지 않은 제품을 고르자. 런치팩 땅콩 맛이 가장 바람직한 선택이다. 미네랄도 섭취할 수 있고 첨가물도 적어서 땅콩 알레르기만 없다면 가끔 먹어도 괜찮다.

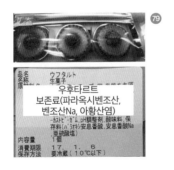

세븐일레븐은 도시락과 주먹밥 등 오리지널 상품에는 첨가물에 관한 독자적인 기준을 적용한다. 상당히 칭찬할 만한 일이다. 합성착색료 미사용은 물론 천연착색료라도 '코치닐 색소'는 첨가하지 않는다. 캐러멜 색소 중에서 II, III, IV는 첨가하지 않는다. 수크랄로스 등 합성감미료를 사용하지 않는다. 샌드위치 종류에 들어가는 햄과 소시지에 인산염을 사용하지 않는다.

아질산나트륨을 어란에 첨가하지 않는다는 자체기준만 해도 훌륭한데, 세븐일레븐의 명란주먹밥에는 발색제도 들어있지 않았다. 자체 기준에 따르면 합성보존료도 사용하지 않는다는데, 좋기도 하지만 식중독에 걸릴까 겁도 난다. 여기서 보존기간 향상제가 등장한다.

㉛은 예전에 세븐일레븐에서 팔던 냉장 내장찜이다. 합성보존료 대신 보존기간 향상제 세 종류를 사용했다. 바로 글리신, 아세트산나트륨, 비타민 B1이다. 보존료만한 효과가 없어서 일반적으로 첨가량이 많아지고, 그로 인해 맛에 영향을 미치기도 한다. 글리신은 아미노산의 일종이다. 아세트산나트륨은 세균 종류에 효과를 발휘하기 때문에 정말 자주

세븐일레븐 내장찜
글리신, 아세트산(Na), 비타민 B1
●内容量 180g ●賞味期限 表面上部に記載 ●保存方法 要冷蔵

사용되는 보존기간 향상제다. '아세트산Na'뿐만 아니라 '산미료' 'pH 조정제' '조미료(유기산)'에도 아세트산나트륨이 포함되므로, 이 또한 보존기간 향상제라고 할 수 있다. 비타민 B₁은 영양 강화 목적으로 첨가한 것처럼 보이지만, 실제로 비타민 B₁을 넣은 것은 아니다. 티아민라우릴황산염을 가리키며, '비타민 B₁'이나 '티아민'이라고 표시한다.

그 밖에 라이소자임('효소'로 표시된다)과 각종 추출물(마늘, 로즈메리, 맹종죽, 고추냉이) 등도 보존기간 향상제다. 이러한 보존기간 향상제를 위험한 물질이라고 생각하지는 않지만, 사용량이 많아지면 걱정이 앞선다. 합성보존료를 소량 사용하는 것과 보존기간 향상제를 많이 사용하는 것, 어느 쪽이 더 위험한지는 의견이 갈린다. 식중독이 가장 위험하니 편의점 반찬을 먹을 때는 어쩔 수 없지, 뭐 정도로만 생각하자.

가공식품에 많이 사용되는 주요 합성보존료는 벤조산, 벤조산나트륨, 파라옥시벤조산, 소르빈산, 소르빈산칼륨이다. 아주 드물게 프로피온산칼슘도 볼 수 있다. '벤조산' '소르빈산' 이 두 용어만 기억하면 거를 수 있을 것이다.

합성보존료 이외의 보존료로는 '이리단백추출물'과 '폴리라이신'이 많이 사용된다. 모두 천연 유래지만 방부제 효과가 있기에 보존료로 인정받고 있다. 폴리라이신은 세균의 발효를 통해 생산된다.

이리단백은 연어과 또는 청어과 물고기의 이리에서 추출한다. 어느 쪽이 되었든 합성보존료보다는 낫다고 생각하지만, 그런대로 장내 세균에 부담이 되니 그만큼 미네랄 등 영양을 보충해 주자.

▌장내 환경에 대한 뜻밖의 폐해

인공감미료와 합성보존료는 장(腸)과 장내 세균에 영향을 줄 듯하다. 이러한 첨가물로 인하여 장에 구멍이 뚫려 버리면 '장누수증후군'이라는 병에 걸린다. 병에 걸린다고 표현했지만, 현재 의학적으로 인정되지 않는 가설상의 질환이다. 의사에게는 '장 투과성(Intestinal Permeability)'이라는 의학용어가 더 잘 통할지도 모르겠다.

장누수증후군이란 농약이나 첨가물 등 화학물질로 인하여 소장에 염증이 생겨 구멍이 뚫려 손상되고, 그로부터 유해물질이나 소화되지 않은 음식 조각이 체내로 누출되어 혈류를 타고 전신에 염증을 일으키는 병이다. 염증에 의해 몸 여기저기서 문제가 발생하게 된다. 즉 천식이나 아토피, 무릎 통증, 불임 등 다양한 위치에서 염증을 일으키는 원인이 될 수도 있다는 뜻이다.

장에 염증을 일으키는 원인이 되는 첨가물로 인공감미료와 합성보존료, 유화제 등을 꼽을 수 있다. 최대한 첨가물이 적은 상품을 선택해야 한다. 그리고 농약이나 육류에 잔류한 항생물질도 원인이 된다. 그러나 유기농 채소를 구매하거나 마트에서 고기를 살 때 '항생제와 합성항균제가 든 사료를 먹이지 않았습니다'라고 적힌 고기를 고르면 해결되는 문제다. 그런 상품을 고르기만 해도 식자재 유래 화학물질을 상당히 피할 수 있다.

그 밖에도 정제당류(백설탕이나 액상과당 등)를 과잉 섭취하면 장내에서 유해균이 우세해지며 수가 늘어난 칸디다균 등이 독소를 내뿜어 장벽을 망가뜨린다고 한다.

밀의 단백질 글루텐과 우유의 단백질 카세인은 단백질 조각이 장에서 누출될 경우 전신을 돌아다니며 염증을 일으키기 쉬운 단백질로 알려져 있다. 글루텐과 카세인은 쉽게 분해되지 않아 장에 오래 머무르고, 염증을 일으키는 원인이 되기도 하므로 글루텐 프리나 카세인 프리와 같은 식사법이 유행하는 것도 이해된다.

장이 망가지면 복구할 방법이 없을까? 이때 또 미네랄이 등장한다. 미네랄의 일종인 '아연'이 장 점막의 보호막 기능을 복구하거나 장내 세균의 균형을 맞추어 준다는 보고가 있다.

칼슘, 마그네슘, 철, 아연은 각각 단독으로 작용하지 않는다. 미네랄은 팀워크로 작용하므로 건강보조식품으로 아연만 잔뜩 섭취한다고 될 일이 아니다. 단백질과 미네랄을 제대로 섭취할 수 있도록 식사에 유의하면 회복할 수 있다.

미국 버지니아대학에서 한 실험에서 임신 중인 어미 쥐의 장내 세균으로 인하여 건강 상태가 나빠지면, 자폐증을 보이는 새끼 쥐가 태어날 확률이 높아진다는 논문을 발표했다. 엄마가 장내 세균을 건강하게 유지하지 못하면 태어날 아이에게 자폐증이나 발달 장애가 생길 위험이 커질 수 있다는 말이다. 역시 가능한 한 첨가물을 멀리하거나 미네랄을 잘 섭취하는 것이 중요하지 않을까.

④ 곰팡이 방지제

외국산 오렌지나 레몬 등 감귤류는 장시간 수송 저장 중에 곰팡이가 발생한다. 이를 방지하기 위해 수확 후에 사용되는 농약을 곰팡이 방지제(방미제)라고 한다. 어라? 곰팡이 방지제가 농약이라고? 싫겠지만 식품첨가물이다. 우리나라에서는 수확 전에 사용하는 화학물질은 농약, 수확 후에 사용하는 화학물질은 식품첨가물로 취급한다. 그래서 수확 후에 사용되는 농약은 식품첨가물로 취급한다. 수확 후에 농산물에 사용하는 곰팡이 방지제를 포스트 하베스트 농약이라고도 한다. 포스트란 '다음', 하베스트는 '수확'을 의미한다.

식품첨가물로 인정받은 곰팡이 방지제 중에 마트에서 쉽게 볼 수 있는 것은 이마잘릴, 오쏘페닐페놀(OPP), 티아벤다졸(TBZ),

115

플루디옥소닐, 아족시스트로빈이다. 사용기준이 있으며 대상식품 (주로 감귤류)과 사용량의 최대한도가 정해져 있다.

곰팡이 방지제 중에는 발암성과 기형 유발성 등 인체에 영향을 미칠 것으로 의심되는 성분도 포함되어 있어 소비자단체를 중심으로 그 위험성을 지적하고 있다. 한편, 곰팡이 방지제의 발암성보다 곰팡이가 발생했을 때 나오는 '곰팡이 독'에 더 강력한 발암성이 있으므로 곰팡이 방지제가 필요하다는 의견도 있다. 곰팡이 방지제는 잔류 농약과 마찬가지로 검역소에서 검사가 이루어지고 있으니 안전성이 확보되었다는 것이다.

하지만 마트에서 수입 오렌지나 수입 레몬 매장을 보면 일반적으로 '곰팡이 방지제 미사용' 제품을 팔고 있으니 굳이 곰팡이 방지제를 사용한 레몬을 살 필요는 없지 않을까. 일반적으로 포장하지 않고 낱개로 판매되는 식품은 첨가물 표시가 면제되는데, 곰팡이 방지제는 낱개로 판매해도 표시 의무가 적용된다. 가격표나 진열 선반 등에 사용한 물질명을 알기 쉬운 방법으로 표시하도록 정해져 있다. 매장의 표시⑧를 보고 곰팡이 방지제 미사용 수입 레몬을 사거나, 국산 레

안내 이 제품은 방미제로 OPP-Na, TBZ, 이마잘릴을 사용하였습니다. 미국 캘리포니아산 무첨가 레몬 수확 후에 일절 방미제(이마잘릴, TBZ, 플루디옥소닐, 아족시스트로빈)를 사용하지 않았습니다.

몬을 구매하기를 추천한다. 국산 감귤류에는 곰팡이 방지제를 사용하지 않는다. 해상 운송되는 수입 감귤류에는 곰팡이 방지제를 사용하는데, 곰팡이 방지제 미사용 제품을 해상 수송할 때는 질소로 내부의 산소를 제거한 냉장 컨테이너를 이용하지 않을까.

수입 감귤류의 곰팡이 방지제 잔류 성분은 과일 껍질에 많고 과육에는 적은 것으로 알려져 있다. 껍질을 벗기고 과육을 먹으면 문제가 없겠지? 그렇게 생각할 수도 있지만, 손으로 껍질을 벗길 때 과일 껍질의 정유 성분과 함께 곰팡이 방지제 성분이 손에 착 달라붙고 과육에도 부착되어 그대로 입으로 들어간다. 역시 곰팡이 방지제 미사용 제품을 먹어야겠다.

바나나는 어떨까? 바나나는 이마잘릴 등 곰팡이 방지제 사용이 인정되지만, 바나나 매장에서 곰팡이 방지제 표시를 볼 수 없다. 바나나로 유명한 대기업 '돌(Dole)'의 홈페이지에서는 '방부제 및 곰팡이 방지제 등 포스트하베스트 농약은 일절 사용하지 않았습니다. ※사용한 경우 식품위생법에 따라 사용한 물질명을 기재할 의무가 있습니다'라고 안내하고 있다. 일반적으로 바나나는 곰팡이 방지제를 사용하지 않는 모양이다. 안심하고 살 수 있겠다. 만약 식물 검역 시 해충이 발생한 경우에는 훈증 처리하는데, 훈증 여부는 표시 의무가 없다. 훈증 처리가 걱정된다면 유기농 바나나를 사자. 유기농 바나나는 훈증 처리하지 않는다.

키위를 껍질째 먹기도 하는데, 곰팡이 방지제 표시를 거의 볼 수 없는 과일이므로 안심하고 살 수 있다.

귤을 쏙 빼닮은 수입 감귤류로 손으로 껍질을 벗길 수 있는 오렌지는 주의해야 할 대상이다. 아주 작은 글씨로 사용한 곰팡이 방지제가 쓰여 있다. 역시 가능하면 국산 감귤류를 먹는 편이 좋겠다.

⑤ 발색제 (아질산나트륨)

발색제는 아질산나트륨을 말한다. 사실 '발색제'보다 '방부제'로써의 역할이 더 크다. 물론 색을 선명하게 유지하는 발색제 효과도 있다. 다만 역시 발암성 문제가 있다. 그래서 아질산나트륨은 최대한 멀리해야 하는데 '보툴리누스균에 강하다'는 점에서 필요악이기도 하다.

보툴리누스균의 특징은 산소가 적은 환경에서 잘 자란다는 점이다. 진공 팩이든 탈산소제든 증식을 막을 수 없다. 게다가 고온에도 견딘다. 100℃에서 가열해도 살아남는다. 약점은 산에 약하다는 점이다. pH4.6 미만에서는 증식하기 어렵다. 그리고 발색제(아질산나트륨)에 약해서 증식할 수 없다.

보툴리누스균이 만들어내는 보툴리눔 독소의 특징으로 자연에 존재하는 독소 중에 가장 강력하다는 점을 꼽을 수 있다. 불과 1g으로 100만 명 이상을 죽일 수 있는 살상력이 있다고 한다. 1984년에는 진공포장 겨자 연근 튀김을 먹고 11명이 사망했다. 단 맹독이어도 고온에 약하다는 약점은 존재한다. 85℃ 이상에서 5분간 가열하면 독성이 사라진다.

보툴리누스균은 열에 강하지만 보툴리눔 독소는 열에 약하다. 먹기 전에 가열하는 음식은 안심하고 먹을 수 있지만, 가열하지 않고 그대로 먹는 제품(소시지나 생햄, 명란 등)에는 아질산나트륨이 많이 사용된다. 보툴리누스균이 무섭기 때문이다.

예를 들어, ❸❸의 세븐일레븐 명란젓에는 착색료가 들어있지 않지만, 방부제 대신 아질산나트륨을 사용했다. 가령 아질산나트륨을 사용하지 않고 판매한다면, 식중독을 예방하기 위해 ①가열해서 먹기, ②염분을 강하게 맞추기, ③소비기한을 짧게 설정하기 등 대책이 필요하다. 모든 명란젓에 반드시 아질산나트륨이 들어가는가 하면, 그렇지 않다. 자연식품점이나 온라인몰에서 착색료도 발색제도 사용하지 않은 '무첨가 명란젓'을 살 수 있다. 그러

세븐일레븐 겨자 명란젓

名称 辛子めんたいこ ●原材料名
すけそうだらの卵(ロシア産) 発酵調味料 食塩、かつお
風味調味料、 料(アミノ酸
等)、ソルビット、 発色剤(아질산Na)、亜硝酸Na)、酵
素 ●内容量 70g ●賞味期限 枠外表面に記載 ●保存方

나 대개 냉동 제품이고 염분도 강한 편이다. 저염 제품을 찾는다면 아질산나트륨이 필요해질지도 모른다. 소비자가 염분을 줄이고 싶은지, 첨가물을 멀리하고 싶은지 선택해야 한다. 둘 다 싫은걸! 그러면 식중독에 걸릴 위험이 커진다.

앞서 말했듯이 세븐일레븐의 대단한 점은 자체기준이 있고, 명란 주먹밥에 든 명란에는 합성착색료나 아질산나트륨을 사용하지 않는다는 사실이다. '고마운 일이지만 보툴리누스균이 있을까 걱정이야' 그런 생각이 들 수도 있다. 하지만 보툴리누스균은 산소가 있으면 증식하기 어렵다. 일반적인 미생물과는 반대다. 따라서 주먹밥 재료는 산소에 닿아 있으니 문제될 것이 없다. 어차피 주먹밥은 유통기한도 짧다.

❽❹의 생햄도 발색제인 아질산나트륨 덕분에 생으로 먹을 수 있다. 만약 아질산나트륨이 들지 않았다면 염분을 강하게 만들거나 가열해야 한다. 그러면 생햄을 사는 의미가 없다.

❽❺
**비가열식육제품(이탈리아산
생햄 프로슈토)**
원재료명I 돼지 넓적다리 살,
소금

㉟는 이탈리아산 진짜 생햄이다. 상당히 짭짤하다. 염분이 높으면 수분활성도가 낮아지므로 잡균이 증식할 수 없다. 무첨가 제품이어도 먹는 데 전혀 문제없다.

㊱은 무첨가 굵게 간 비엔나소시지인데, '무염지'라고 쓰여 있다. 이는 발색제 미사용 제품이라는 뜻이다. 사실 발색제를 사용하지 않은 무염지 햄, 무염지 소시지는 마트에서 쉽게 살 수 있다. 단, 만일 보툴리누스균이 증식하여 독소를 만들어냈다면 식중독에 걸릴 수 있으므로 독성을 없애고 먹도록 '가열해서 드세요'라고 안내하는 소시지 제품도 많다.

㊲의 닛폰햄의 숲의 향기는 발색제 미사용 제품인데 가열하라는 안내 문구도 없다. 그래도 보툴리누스균에 노출되면 만일의 경우 죽음에 이를 수 있으니 가열하는 편이 무난하다.

◎가열해서 드세요◎
봉투에서 꺼내 뜨거운 물(80℃ 정도)에서 5~6분 데치거나, 또는 프라이팬 등에 기름을 두르지 말고 구워서 드세요.

무염기 굵게 간
비엔나소시지

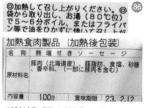

가열식육제품 (가열 후 포장)
원재료명 | 돼지고기(홋카이도산), 돼지기름, 소금, 설탕, 향신료, (일부 돼지고기 포함)

발색제인 아질산나트륨과는 관계가 없지만, 보툴리누스균과 관련하여 ❸의 즉석밥에 관한 이야기를 하고 싶다. 제품에 '가열 필요'라고 쓰여 있는 것을 볼 수 있다. 즉석밥이니 당연히 밥을 지어 만들기 때문에 일반적인 잡균은 전멸하지만, 가열에 강한 보툴리누스균은 살아남아 있을 수 있다.

탈산소제 덕분에 보툴리누스균이 증식할 수 있는 환경이 조성되어 보툴리눔 독소를 만들어냈다면 매우 위험하다. 이에 대비하여 독소의 독성을 없애고 먹도록 가열 필요 마크가 붙어 있는 것이다. 첨가물이 들어간 즉석밥에는 가열 필요 마크가 붙어 있지 않은데, 이는 첨가물로 pH를 낮추어 보툴리누스균의 증식을 방지하고 있기 때문이다. 비상식량으로 비축할 밥으로는 첨가물이 들어간 즉석밥이 적합하다. 가열하지 않아도 안심하고 먹을 수 있다. 하지만 일상용 무첨가 즉석밥은 반드시 가열해서 먹어야 한다.

⑥ 단백가수분해물 및 효모 추출물

단백가수분해물은 앞서 이야기했듯이 첨가물이 아니다. 식품 취급하는 인공적인 감칠맛 조미료다. 같은 인공적인 감칠맛 조미료로 '화학조미료'가 있다. 이쪽은 첨가물 취급하지만 '단백가수분해물'은 식품 취급한다. 하지만 내가 멀리하고 싶은 첨가물 순위는

'화학조미료'보다 '단백가수분해물'이 더 높다. '화학조미료'는 첨가물이지만 알레르기를 일으키지 않고, 발암성도 없는 것으로 알려졌다. 이에 비해 '단백가수분해물'은 식품 취급을 받으며 다양한 원재료에 숨어 있는데도 발암물질을 포함하고 있을 수 있으며, 알레르기를 유발할 위험도 있다. '화학조미료를 사용하지 않아 좋은 제품이구나 싶어서 샀는데, 단백가수분해물이 들어있었다.' 이런 경우가 많다.

화학조미료도, 단백가수분해물도 강한 감칠맛을 내기 때문에 다시마나 말린 멸치, 닭 뼈 등 '육수'의 사용량을 줄일 수 있다. 그러면 섭취할 수 있는 육수 유래 비타민이나 미네랄이 줄어든다. 강한 감칠맛을 내는 화학조미료나 단백가수분해물을 일상적으로 많이 사용하면 혀가 마비되어 미각 장애를 일으킨다고도 하는데, 사실이 아니다. 강한 감칠맛에 의존함으로써 제대로 육수를 내지 않게 되므로, 육수 유래 미네랄(아연 등)의 섭취량이 줄어 아연 부족으로 미각 장애를 일으키는 것이다. 그래서 화학조미료나 단백가수분해물을 사용하더라도 미네랄이 충분한 식사를 꾸준히 하면 미각 장애가 생기지 않는다.

그리고 제1장에서도 말했듯이 화학조미료와는 달리 '발암성 물질을 포함할 가능성이 있다'는 점과 '알레르기를 유발할 위험이 있다'는 점이 특징이다. 단백질을 가수분해할 때 효소로 가수분해하면 발암물질을 포함하지 않지만, 산으로 분해하면 그 불순물에 발암물질이 생길 수 있다. 화학조미료와 달리 산으로 분해한 단백가수분해물은 발암성 물질을 포함할 가능성이 있는 것이다.

알레르기를 유발할 위험을 살펴보자. 우선 단백가수분해물은 무슨 단백질을 분해한 것인지 모른다는 점이 문제다. 돼지고기인지 밀인지 콩인지 알 수 없다. 그리고 다지기가 아니라 토막 썰기를 했다는 점도 문제다. 화학조미료는 아미노산인데, 이는 단백질을 다진 것이기 때문에 알레르기를 일으킬 위험은 없다. 그런데 토막 썰기를 하면 단백질 조각이 장(腸)의 상처를 통해 체내로 침투하기 쉽다. 단백질이 원래 상태로 있었다면 분자가 커서 상처 부위로 침투하기 어려웠을 테고, 아미노산 크기로 작게 다졌다면 침입해도 문제없었을 것이다. 그런데 토막 썰기를 해놓았으니 아슬아슬하게 침입할 수 있는 크기인 데다가, 침입했을 때 '너는 콩 단백질 조각이 아니냐!' 하면서 면역 순찰대에 발견되어 콩 알레르기를 일으킬 가능성이 있다. 이런 점이 무서운 것이다.

건강한 성인이라면 단백가수분해물을 섭취해도 위장에서 소화되어 다져지므로 아무 문제가 없다. 어린아이, 장 질환자, 소화력이 약한 사람은 단백가수분해물을 멀리하는 것이 무난하다.

맛이 강한 과자, 국물, 양념장, 소스에 단백가수분해물이 사용된다. 어린이용 과자에도 사용되니 주의해야 한다. 인공감미료를 설명하면서 호빵맨 '부드러운 콘'에는 장에 악영향을 미칠 것 같은 인공감미료 수크랄로스가 들어있다고 이야기했는데, 실은 단백가수분해물에도 들었다.

수크랄로스에 의해 장에 염증이 생기고, 단백가수분해물로 인해 알레르기 증상이 나타나면 어떡하란 말인가? 호빵맨 과자를 사야겠다면 '캐러멜 콘' 제품을 사자.

❽❾의 샐러드 치킨은 다이어트 중인 여성이라면 마트나 편의점에서 많이들 샀을 것이다. 왜 닭가슴살이 이렇게 맛있을까, 바로 미각파괴 트리오가 전부 들었기 때문이다.

❾⓿ '송이버섯밥 재료 ~천연 육수로 짓는 밥'이라고 쓰여 있는데, 따져보면 미각파괴 트리오로 짓는 밥이다.

炊き込みご飯の素(松茸ご飯の素)
【松茸具材】(松茸, pH調整剤, 酸化防止剤(V. C), 香料)
【別添だし】(しょうゆ, 植物たん白加水分解物, 砂糖, 食塩, かつお節エキス(枕崎産), チキンエキス, かつおエキス, 昆布エキス(日高産), 酵母エキス, 昆布エキス(利尻産), 調味料(アミノ酸等))(原材料の一部に小麦, 大豆, 鶏肉を含む)

송이버섯밥 재료 ~천연 육수로 짓는 밥 ❾⓿
식물단백가수분해물, 효모 추출물, 조미료(아미노산 등)

호빵맨 라면 ❾❶
단백가수분해물, 효모 추출물,
조미료(아미노산 등)

⑨의 호빵맨 라면, 어른이 먹기에도 용기가 필요한 제품이다.

⑨는 어린이용 조미김인데, 어린이용이니 단백가수분해물을 빼 주었으면 한다.

⑨은 나가타니엔의 어린이용 후리카케인데, 단백가수분해물뿐만 아니라 아세설팜칼륨이라는 인공감미료까지 들었다.

⑨는 '뿌리 다시마 육수'다. 원재료 어디에도 단백가수분해물이라고 쓰여 있지 않지만, '다시마 추출물'이나 '가다랑어포 추출물' 속에 숨어 있을 가능성이 있다. '조미료(아미노산)'가 화학조미료이고, '○○추출물' 속에 단백가수분해물이나 효모 추출물이 숨어 있는 경우가 많다.

⑨ 아이를 위한 '간장을 사용하지 않은 조미김'
아카시김 for kids
화학조미료 무첨가
단백가수분해물, 효모 추출물

⑨ 어린이용 후리카케
단백가수분해물, 조미료(아미노산 등), 감미료(아세설팜K, 감초, 스테비아)

⑨ 뿌리 다시마 육수

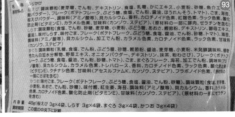

●효모 추출물

'효모 추출물'은 성가시게도 화학조미료를 쏙 빼닮은 효모 추출물과 멀리할 필요가 없는 제대로 된 효모 추출물이 있는데, 원재료 표시만 봐서는 구별할 수 없다.

자연식품점의 상품이라면 '효모 추출물'이라고 쓰여 있어도 대부분 제대로 된 효모 추출물이므로 신경 쓰지 않아도 괜찮다. 예를 들어 오사와재팬, 소켄샤, 무소 등의 상품이 그렇다. 특히 '유기 효모 추출물'이라고 쓰여 있으면 확실히 제대로 된 효모 추출물이니 걱정할 필요 없다. '효모에서 추출했을 뿐'이니 아무런 문제가 없다.

그러나 마트에서 일반적으로 판매되는 상품에 '효모 추출물'이라고 쓰여 있으면, 조금 걱정된다. 화학조미료와 마찬가지로 글루탐산나트륨 성분을 포함했을 가능성이 있기 때문이다. 세균을 이용하여 글루탐산나트륨을 제조하면 '화학조미료'가 되고, 효모를 이용하여 글루탐산나트륨을 제조하면 '효모 추출물'이 된다. 이용하는 미생물만 다를 뿐인데 첨가물 취급하기도 하고 식품 취급하기도 하는 것이다. 이것 참 어찌해야 할까 싶다.

화학조미료 대신 효모 추출물을 사용하면 맛을 유지한 채 '무첨가'나 '화학조미료 미사용' 제품으로 표시할 수 있다. 그러면 소비자에게 오해를 줄 가능성이 있겠군, 그래서 가이드라인이 만들어졌다.

⑮는 다이소에서 파는 무첨가 가다랑어 후리카케다. 화학조미료, 착색료, 보존료는 사용하지 않았지만, 효모 추출물을 사용했다. 참고로 아미노산액은 단백가수분해물의 다른 이름이라고 생각하면 된다.

⑯은 유명한 가야노야의 육수 제품이다. 무첨가라고 쓰여 있지만, 효모 추출물이 들었다.

⑰은 동네 가게의 육수 코너다. 진짜, 가짜, 진짜, 가짜 순으로 육수 팩이 놓여 있다. 가짜 제품에는 아미노산이나 ○○추출물이라는 말이 보인다. '무첨가'라고 쓰인 가짜 제품도 있으니 주의해야 한다.

⑱은 대형마트 이온에서 파는 육수 팩이다. 아미노산, 추출물,

⑮ **무첨가 가다랑어 후리카케** 효모 추출물, 아미노산액　⑯ 가야노야 육수
⑰ 육수 판매 코너　⑱ 육수 팩

128

발효조미료도 들지 않은, 정말 음식 재료로만 채워 넣은 육수 팩이다. 가다랑어 맛과 멸치 맛이 있는데, 멸치에 더 많은 미네랄이 들었으므로 같은 가격이라면 가다랑어 맛보다 멸치 맛 쪽이 좋겠다.

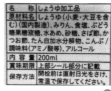

육수 간장
단백가수분해물, 조미료(아미노산 등)

⑨⑨는 액상 육수 간장이다. 간장 가공품 육수는 대부분 단백가수분해물과 화학조미료가 들어있어서 권하고 싶지 않다.

★○○추출물의 방패막이

여기서 잠깐 '○○추출물'에 대해서 살펴보겠다. 원재료 표시의 '○○추출물'에는 단백가수분해물이나 효모 추출물이 숨어 있을 가능성이 크다. 특히 '가다랑어포 추출물' '다시마 추출물' '표고 추출물' 이 세 가지에 단백가수분해물과 효모 추출물이 숨어 있는 경우가 많아서 내 마음대로 추출물 트리오라고 부른다. 그 밖에 '고등어포 추출물' '말린 멸치 추출물' '가다랑어 추출물'에 숨어 있기도 하다. 추출물뿐만 아니라 '다시마 조미액'처럼 '조미액'이라는 말에도 단백가수분해물과 효모 추출물이 숨어 있을 때가 있다. '추출물'과 '조미액'에 주의해야 한다.

'돼지 추출물' '닭 추출물' '채소 추출물' 등에도 숨어 있을 가능성이 있어 업소용 추출물 카탈로그 등을 조사 중이지만 아직 증거를 찾지 못했다. 반대로 '다시마 추출물'에 반드시 숨어 있는가 하면 그렇지 않다. 정말 다시마를 끓여서 제대로 만든 다시마 추출물도 있다. 원재료 표시로는 구분할 수 없다.

예를 들면 ⑩의 굴 육수 간장은 화학조미료를 사용하지 않은 점은 훌륭하지만, '가다랑어포 추출

굴 육수 간장 ⑩

가다랑어포 추출물, 다시마 추출물, 표고 추출물, 뱅어포 추출물

130

물' '다시마 추출물' '표고 추출물'을 사용했으니 어디
인가에 단백가수분해물이 숨어 있을 것만 같아 걱
정이다.

⑩은 우엉칩이다. '다시마 육수'에는 숨어 있지
않겠지만, '가다랑어포 추출물'이나 '표고 추출물' 같
은 추출물 종류가 걸린다. 참고로 '발효 조미액'이라
는 표시에도 단백가수분해물이 숨어 있을 가능성이
있다.

● 미각파괴 트리오

나는 첨가물 취급하는 '화학조미료'와 식품 취급하는 '단백가수
분해물'과 '효모 추출물'을 통틀어 미각파괴 트리오라고 부른다. 이
들 '인공적인 감칠맛 조미료'는 탁월한 감칠맛 파괴력을 지녔다.
다만 마트에서 쇼핑할 때 미각파괴 트리오를 완벽하게 멀리하기
는 어렵다. 요리 재료를 사다 처음부터 끝까지 직접 만들어야 한
다. 절대로 안 먹을 거야! 하고 너무 신경질적으로 열성을 다해 멀
리하면 그야말로 식품 선택이 스트레스가 되고, 스트레스를 없애
는데 체내 미네랄을 소모하고, 미네랄 부족으로 몸을 망가뜨리게

된다. 스트레스가 되지 않을 정도로 가능한 범위에서 '즐겁게 조심하는 것'이 요령이다.

⑦ 화학조미료

화학조미료란 첨가물 취급하는 인공적인 감칠맛 조미료로 주로 글루탐산나트륨을 말한다. 글루탐산나트륨은 아미노산계열의 감칠맛 조미료다. 원재료 표시에서는 '조미료(아미노산)', 핵산계열도 포함하는 경우에는 '조미료(아미노산 등)'으로 표시된다.

글루탐산나트륨은 독성이 그리 강하지 않다. 글루탐산 자체가 신경전달물질이므로 너무 많이 섭취하면 흥분해서 흉포해질 수도 있지만, 만약 글루탐산나트륨에 강한 독성이 있었다면 일본인은 진작에 멸종하지 않았을까(웃음). 그 정도로 온갖 가공식품에 들었다.

화학조미료의 문제점은 두 가지다. 하나는 간편하게 맛있어지만, 육수에서 우러나오는 비타민과 미네랄을 섭취할 수 없다는 점이다. 앞서 단백가수분해물에서도 설명했듯이, 이것만 넣었다 하면 무엇이든지 맛있어지니 육수를 사용하지 않게 된다. 원래 영양이 있는 것은 맛있고 영양이 없는 것은 맛이 없는 법이지만, 화학조미료는 글루탐산 이외의 영양을 섭취할 수 없는데도 굉장히 맛있어지는 점이 문제다.

다시마로 육수를 내면 글루탐산 이외에 아미노산과 비타민, 미네랄이 폭넓게 우러나온다. 화학조미료를 사용하면 글루탐산과 나트륨은 섭취할 수 있어도 그 이외의 것을 섭취할 수 없다. 다시마보다 훨씬 싸고 게다가 정말 맛있다. 식자재에 비용을 들이는 수제 음식점이 가격 경쟁에서 져서 망하는 것도 이해된다. 말린 멸치나 닭의 뼈, 채소로 육수를 낼 필요가 없어지므로 비타민과 미네랄이 부족해진다. 그리고 미네랄이 부족하다는 것은 아연도 부족하다는 말이므로 미각 장애를 일으키기 쉽다.

요즘 미각 장애를 호소하는 초등학생이 늘고 있다. 아연 부족으로 인해 미각 장애가 발생하는 듯하다. 화학조미료를 사용해도 좋으니 잊지 말고 미네랄도 보충하자.

다른 한 가지 문제점은 염분 과다 섭취로 이어지기 쉽다는 점이다. 화학조미료의 감칠맛은 '소금 맛'을 없앤다. 소금 맛이란 소금을 핥았을 때 톡 쏘는 짠맛을 말한다. 간장과 식염수를 같은 염분 농도로 맞추고 핥아 보면 간장 쪽이 순하게 느껴진다. 이는 간장에 포함된 감칠맛 성분, 글루탐산 등 아미노산이 소금 맛을 억제하는 작용을 하고 있기 때문이다. 화학조미료를 사용한 스낵 과자는 짠맛이 느껴지도록 소금을 더 많이 사용한다. 적당히 짭짤한데도 영양성분표를 보면 예상보다 더 많은 염분이 들어 있기도 하다.

예를 들어 체인점에서 파는 400엔짜리 라면과 화학조미료와 단백가수분해물, 효모추출물 등을 일절 사용하지 않고 커다란 솥에 천연재료를 넣고 끓인 한 그릇에 800엔 하는 조금 비싼 라면이 있다고 하자. 화학조미료가 든 체인점 라면과 천연 육수로만 만든 라면. 맛과 양이 비슷하다면 반값인 400엔짜리로 충분하다고 생각하는 사람도 많을 것이다. 화학조미료로 저렴하고 맛있게 만든 라면은 천연 육수를 아주 적게 쓴다. 800엔짜리 라면은 화학조미료나 단백가수분해물을 사용할 수 없는 만큼 말린 멸치, 닭의 뼈, 돼지고기, 채소 등 다양한 재료의 감칠맛을 정성스럽게 끓어낸다.

식자재에서 감칠맛을 끓어내면 감칠맛과는 관계없는 비타민과 미네랄도 듬뿍 우러난다. 어쩌면 가격은 2배지만 섭취할 수 있는 미네랄량은 10배일지도 모른다. 맛 대비 가격의 가성비는 400엔짜리 라면의 승리지만, 미네랄 대비 가격의 가성비는 800엔짜리 라면의 압승이다.

싸고 맛있는 음식을 널리 보급한 점은 화학조미료의 긍정적인 역할이라고 할 수 있다. 그리고 맛이 좋아 식품 손실을 줄이는 데 공헌했다. 이는 화학조미료가 이룬 공적이다. 아무리 서투른 요리사라도 맛있게 만들 수 있고, 남기지 않고 먹을 수 있다는 점이 화학조미료의 긍정적인 일면이다.

화학조미료의 부정적인 일면은 육수를 내지 않아 미네랄이 부족한 요리도 맛있게 만들어 버린다는 점이 아닐까. 가장 큰 결점이다. 그리고 염분을 너무 많이 섭취하는 세상을 만들었다는 점을 들 수 있다.

⑩2는 일본 가루비의 '갓파에비센(왼쪽)'과 한국에서 파는 '갓파에비센(한국명: 세우깡, 오른쪽)'과 비슷한 과자다. 한국 제품은 글루탐산나트륨을 사용하지 않아 염분이 적다. 글루탐산나트륨에는 염분을 느끼지 못하게 하는 효과가 있다. 글루탐산나트륨을 사용할 때 소금을 많이 사용하지 않으면 싱겁게 느껴진다. 즉, 글루탐산나트륨을 사용하지 않으면, 소금을 줄여도 제대로 염분을 느낄 수 있다.

⑩3처럼 조미료(아미노산 등)이라고 쓰여 있으면 화학조미료가 들었다는 말이다. 아미노산 등의 '등'은 이노신산나트륨이나 구아닐산나트륨일 것이다.

⑩4도 '콩 본연의 맛'이라고 쓰여 있지만, 화학조미료, 가다랑어포 추출물의 단백가수분해물도 들어간 소스에서 콩 본연의 맛이 날 리 없다. 이런 소스는 버리자.

⑩5는 비스코, 예전 그대로의

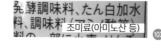
조미료(아미노산 등) ⑩3

갓파에비센

새우깡 ⑩2

극소립 낫토
콩 본연의 맛
소스, 겨자
포함 ⑩4

소박한 맛이다. 예전부터 화학조미료를 썼으니 거짓말은 아니다. 옛날부터 화학조미료에 익숙해짐으로써 미각 장애를 일으키기를 바라는 것이다. 화학조미료가 들어간 비스코를 먹고 소박한 맛으로 느낄 정도로 미각이 이상해진 아이들이 많다.

⑩⑥은 노스컬러즈의 '무첨가 포테이토칩스'다. 화학조미료 미사용 제품이므로 추천한다.

⑩⑦은 육수, 모두 화학조미료가 들었다. 가정에 따라서는 소면 육수, 메밀면 육수, 냉국수 육수로 나누어 사용하기도 하는데, 병만 다를 뿐 내용물은 거의 같다. 냉장고가 복잡해지니 한 개만 있으면 된다.

⑩⑧은 전골 육수다. 추운 시기가 되면 선반 가득 진열된다. 마찬

비스코
조미료(아미노산 등)

무첨가
포테이토칩스

육수

전골 육수 코너

가지로 모두 화학조미료가 들었다. 가다랑어포 추출물이나 다시마 추출물에도 단백가수분해물이 숨어 있다.

집에서 요리할 때 좀처럼 제대로 육수를 낼 시간이 없다. 그럴 때면 ⑩의 멸치 가루 분말을 넣어 보자. 의외로 미네랄을 섭취할 수 있는 방법이다.

⑩의 국산 가다랑어포로 만든 화학조미료 무첨가 육수처럼 '어린이도 안심하고 먹을 수 있습니다'라는 문구와 함께 화학조미료 무첨가라고 쓰여 있는 제품에도 대체로 단백가수분해물이 들었다. 가다랑어포 추출물이나 멸치 추출물에 들었을 가능성이 크다. 덧붙이자면 액상과당은 유전자변형 옥수수를 썼으니 불합격이다.

⑧ 팜유

첨가물은 아니지만, 주의해야 할 지방이 '팜유'다. '트랜스지방산'이 아니고요? 그런 의문이 떠오를 수 있다. 확실히 트랜스지방

순수 멸치 가루
산화방지제
무첨가
육수는 역시

화학조미료
무첨가 육수

1000ml

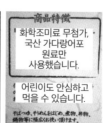

화학조미료 무첨가,
국산 가다랑어포
원료만
사용했습니다.

어린이도 안심하고
먹을 수 있습니다.

⑩ 액상과당,
가다랑어포 추출물,
단백가수분해물,
멸치 추출물, 효모
추출물

산도 먹고 싶지 않은 지방이지만, 왜 트랜스지방산이 아닌 팜유를 꼽았는지 자세히 다루어 보겠다.

트랜스지방산에는 두 종류가 있는데, 천연 유래와 인공적으로 만들어진 것이 있다. 천연 유래는 소고기와 양고기, 우유와 유제품에 포함된 트랜스지방산이다. 인공적으로 만들어지는 것은 콩, 유채, 옥수수 등 식물유에 수소를 첨가하여 액체 기름을 고체 기름으로 바꾸는 과정에서 만들어진다. 고체 기름으로 변하면 마가린이나 쇼트닝의 원료가 된다. 그리고 업소용 튀김기름에 사용하면 기름이 쉽게 산화되지 않아 바삭바삭한 느낌을 낼 수 있다. 이러한 마가린이나 튀김기름을 사용한 빵, 케이크, 도넛 등 양과자, 튀김 등에 트랜스지방산이 포함되어 있다.

일상적으로 트랜스지방산을 많이 섭취하면 심장병을 일으킬 위험이 커지는 것으로 알려져 있고, 미국에서는 트랜스지방산 사용을 규제하기 시작했다. 그러나 일본에서는 표시 의무나 농도에 관한 기준치가 없다. 가공식품에 포함된 트랜스지방산 양이 불분명한 것도 문제지만, 전자레인지의 마이크로파 가열로 인해 식물유에 든 트랜스지방산이 증가한다고 보고되어 더욱 걱정이 앞선다. 전자레인지에서 트랜스지방산을 늘려 먹는 사람이 많다는 이야기다.

미국에서 트랜스지방산 규제 방침이 세워진 2015년 이후 일본 마가린 시장이 20%나 축소되었다. 그 결과 규제가 없는 일본에서도 트랜스지방산을 줄이려는 움직임이 활발해졌다. 유키지루시메 그밀크의 마가린 네오소프트는 2004년에 비해 트랜스지방산을 10분의 1로 줄였다. 상품 10g당 0.08g으로 적은 편이다. 참고로 버터는 천연 트랜스지방산을 10g당 0.33g 포함하므로, 버터보다도 적다. 메이지의 콘소프트도 제품 10g당 0.1g으로 적어졌다. 미스터도넛도 전 지점에서 트랜스지방산을 대폭 줄인 기름을 채택했다. 맥도날드는 감자튀김 기름으로 소기름과 팜유 블렌드 기름을 사용한다. 야마자키 제빵도 트랜스지방산을 점차 줄이는 중이다.

외식 산업이나 가공식품에서는 부분수소첨가유지(트랜스지방산)의 대용으로 팜유를 사용하게 되었다. 팜유는 상온에서 고체 상태인 식물유다. 이제는 트랜스지방산이 아니라 팜유 과다 섭취에 주의해야 한다.

팜유는 굳혀도 녹여도 사용할 수 있는 만능 기름이다. 고체로는 마가린, 초콜릿, 아이스크림 등에 사용된다. 액체 상태로는 감자칩, 컵라면, 감자튀김 기름으로 사용된다. 쉽게 산화되지 않고 바삭하게 만들 수 있어서 트랜스지방산 대신 많이 사용된다.

팜유는 기름야자 열매에서 얻을 수 있는 식물유로, 세계에서 가장 많이 생산되는 식물유다. 식용뿐만 아니라 비누, 세제, 화장품에도 사용된다. 포화지방산을 많이 함유하고 있어 상온에서는 고체 상태로 존재한다.

하지만 트랜스지방산을 팜유로 대체해도 문제는 해결되지 않는다. 팜유(포화지방산)를 과다 섭취해도 심장병에 걸릴 위험이 커지고, 팜유는 대장암이나 당뇨병 발병률을 높인다는 동물실험 결과도 보고되었다. 동시에 팜유 생산은 열대림 감소의 가장 큰 요인으로 꼽힌다. 주로 인도네시아와 말레이시아의 삼림이 벌채되고 기름야자 농원이 급격하게 늘고 있다. 팜유의 수요가 높아져 삼림 감소 추세가 멈추지를 않는다. 보르네오섬의 오랑우탄이 격감하고 있는 이유는 일본이 팜유를 많이 사용하기 때문일지도 모른다. 삼림이 손실될 정도라면 차라리 트랜스지방산을 참고 먹겠어! 그렇게 주장하는 사람도 있다.

팜유를 멀리하고 싶어도 식품 표시에 '팜유'라고 쓰는 일은 적고, '식물유' '식물유지' '마가린' '쇼트닝' 등으로 쓰는 경우가 많다. 가공식품을 선택하는 순간 팜유가 반드시 따라오는 상황이지만, 그래도 RSPO 인증 마크⑪가 있는 상품을 고를 수는 있다. 이 마크

⑪ RSPO 인증 마크가 있는 제품들

는 환경과 지역사회를 배려한 팜유를 사용한다는 인증이다. 요즘 많이 늘었으니 한번 찾아보기를 바란다. 그런 마크는 본 적이 없어! 하는 사람은 가루비의 포테이토칩스나 닛신의 컵누들 패키지에 RSPO 인증 마크가 있으니 지금 바로 확인해 보자. 가루비는 2030년까지 '인증 팜유 100% 사용'을 목표로 하고 있다고 한다.

⑨ 유화제

유화제(乳化劑)는 독성도 알레르기도 없는 안전성이 높은 첨가물로 유명했다. 그런데 최근 들어 사실 장내 세균에 악영향을 미치는 것으로 나타났다. 최근 논문에서는 유화제가 장에 악영향을 미치고, 게다가 뇌에도 악영향을 미치는 '장뇌(腸腦) 상호작용' ——장(腸)이 이상해지면 뇌가 불안해지는 것으로 밝혀졌다. 장에 손상을 주는 첨가물로서 보고되는 횟수도 늘었다.

유화제는 장 점막의 기름을 빼앗아 보호막 기능을 잃도록 만들기 때문에 장누수증후군의 원인이 될 수 있다. 유화제가 장내 플로라(세균총)를 변화시켜 염증을 일으키거나, 살이 찌거나, 당뇨병에 걸리는 등 인공감미료와 같은 피해도 발생하고 있다. 현재 멀리하는 편이 좋은 첨가

●名称:チョコレート ●原材料名:カカオマス (国内製造、外国製造)、砂糖、ココアパウダー、ココアバター/乳化剤、香料、(一部に乳成分・大豆を含む) ●内容量:75g ●賞味期限:左側の面に記載 ●保存方法:28℃以下の涼しい場所で保存してください。

명칭: 초콜릿 재료명: 유화제 ⑫

141

물로 평가된다.

유화제는 '계면활성제(界面活性劑)'다. 즉 합성세제와 성분이 같다. 단 것이 든 빵, 샌드위치, 초콜릿⑫ 같은 제품에도 항상 사용된다. 다만, '레시틴' '유화제(대두유래:大豆由來)'라고 쓰여 있다면 유화제 중에서도 안전한 편이다.

⑩ 가공전분과 증점다당류

전분은 식품 취급하지만 가공전분은 첨가물 취급한다. 일본에서 사용되는 12가지 가공전분 중 두 가지(하이드록시프로필인산이전분, 하이드록시프로필전분)를 EU에서는 영유아용 식품에 사용할 수 없다. EU는 분명한 안전성이 확인될 때까지 만일에 대비하여 사용하지 않는다는 '예방 원칙'에 따라 정하는 경우가 많은데, 일본은 명백한 위험성이 확인되지 않으니 사용합시다! 하는 경우가 많아 의식에 큰 차이를 보인다.

가공전분은 섭취한 역사가 짧아 만일에 대비하여 멀리하는 편이 좋겠지만, 전부 거를 수 없을 정도로 다양한 가공식품에 사용되고 있는 것이 현실이다.

가공전분은 증점제, 안정제, 겔형성제, 호료로 많이 사용되는 첨가물이다. 걸쭉해지도록 하거나, 액체를 젤리 상태로 굳히는 등

식품 성분을 균일하게 안정시키는 데 사용한다. 비슷한 목적으로 사용되는 첨가물로 '증점다당류'가 있다. 펙틴, 카라지난, 잔탄검, 아라비아검, 로커스트콩검 등을 증점다당류라고 한다. 가공전분보다 섭취한 역사도 길어 안심할 수 있지만, '카라지난'처럼 발암성이 의심되는 것도 존재한다. 그러나 원재료 표시에 '안정제(카라지난)'이라고 쓰여 있으면 거를 수 있겠지만, '증점다당류'처럼 한 단어로 간략하게 적힌 경우가 많아서 카라지난 포함 여부를 알 수 없다. '가공전분'조차 거르기 어려운데 '증점다당류'까지 멀리하게 되면 가공식품 중에서 살 수 있는 제품이 정말 없다. 그냥 허용해야 하는지도 모르겠다.

제**4**장

가공식품 고르는 법

지금까지 멀리하는 편이 좋은 식품과 첨가물을 소개했다.

그럼 실제로 마트에서 무엇을 사면 좋을까? 이 장에서는 구체적인 식품 선택 방법을 알아보겠다.

| 가짜와 진짜 구분법 ~조미료편

요즘 마트 선반에는 조미료가 빼곡하게 진열되어 있다. 이제 어떤 것을 고르면 좋을지 모를 정도로 무첨가부터 첨가물투성이인 것까지 종류가 다양하다. 그런데 조미료는 정말 중요하다.

요즘 시대에는 채소나 고기, 생선 코너에 가면 간단하고 간편한 '전용 양념장', '맞춤 조미료'가 식자재 가까이 놓여 있다. 편리하고 간편하고, 제법 맛있게 만들 수 있다 보니 첨가물을 신경 쓰지 않고 사는 사람이 많다는 사실이 유감스럽다.

전통적인 제조법으로 제대로 만든 조미료를 '맛이 없다'거나 '맛이 싱겁다'고 느낀다면 혀가 너무 강한 감칠맛에 익숙해졌는지도 모른다. 제대로 만든 조미료는 가격이 비싸지만, 잘 활용하면 '맞춤 조미료'보다 저렴하고 맛있다.

꼭 제대로 된 조미료를 사용하여 미네랄이 풍부하고 첨가물이 적은 식생활을 즐기기를 바란다.

간장[醬油]

간장 소비는 해마다 줄어들고 있다. 다들 간장이 아니라 '육수'나 '육수 간장' '양념장'을 산다. 첨가물이 가득한 '육수 간장'을 간장인 줄 알고 사는 일도 정말 많다.

간장 중에서도 규슈 단맛 간장에는 첨가물이 아주 많다. 캐러멜 색소, 화학조미료, 사카린나트륨, 파라옥시벤조산 등이 들었다. 다만 규슈 가정에서 오랫동안 사랑받아 온 전통 식품을 그다지 나쁘게 말하고 싶지 않다. 각자 좋아하는 상표도 있을 테니 너무 구애받지 말고 계속 사용해도 괜찮다고 생각한다. 첨가물이 적은 단맛 간장도 있다. 예를 들면, 대기업 제조사 제품 중에서는 깃코만의 '아마쿠치'와 후쿠오카 미쓰루쇼유의 '자연파 아마쿠치'가 놀랍게도 무첨가 제품이다. 그래서 규슈 단맛 간장 중에서는 가장 추천하고 싶은 제품이다.

일반적으로 자주 사용되는 간장을 '진한 간장'이라고 하는데, 무첨가 '마루다이즈 간장'으로 고르자. 마루다이즈란 일본어로 둥근(마루이) 대두(다이즈)라는 뜻이 아니라 대두를 통째로(마루고토) 사용했다는 뜻이다. 콩을 통째로 사용하지 않으면 탈지가공대두라고 한다. 일본에서 콩은 두부로도, 낫토로도, 된장으로도 만들어 먹는 농작물이지만, 세계적으로 콩의 주된 용도는 기름을 짜내는 것이다. 콩기름을 짠 후의 찌꺼기를 탈지가공 대두라고 하며 주로 사료로 이용되지만, 간장 원재료나 고기를 쓴 것 같은 콩 요리의 원재료가 되기도 한다.

진한 간장의 원재료는 콩과 밀, 소금, 물이다. 쌀은 사용하지 않는다. 찐 콩과 볶은 밀을 따뜻한 방에서 곰팡이가 가득 피도록 하여 '누룩'을 만들고, 여기에 식염수를 넣어 탱크에서 약 6개월(또는 그 이상) 발효시킨 것이 '전국'이다. 그 전국을 짠 액체가 바로 간장이다. 유통되는 간장의 80% 이상은 콩 대신 탈지가공 대두를 사용하여 만든다. 탈지가공 대두 간장도 충분히 맛있지만, 역시 마루다이즈 간장 쪽이 더 맛있다.

다음으로 마루다이즈 간장 중에서도 나무통에 담근 간장을 더 추천하고 싶다. 콘크리트, FRP, 금속제 탱크에서 발효시킨 간장도 품질이 안정적이고 맛있지만, 삼나무 통으로 담근 '나무통 담금 간장'은 맛이 개성적이고 맛있다. 목재 표면의 미세한 구조에 간장 발효균이 자리 잡아 그 양조장의 기후 풍토에 따라 그곳에서만 낼 수 있는 풍미와 맛을 자아낸다. 탱크에 담아 온도를 조절하지 않고, 사계절 온도 변화를 그대로 따르는 '천연 양조'라는 점이 매력이다. 마루다이즈 나무통 담금 간장을 찾아보기를 바란다.

마트에서 간장을 살 때는 신선한 맛을 유지하는 '부드러운 밀봉 병'⑬에 든 간장을 고르자. 용기가 이중으로 되어 있어 산소와 접촉하기 어려운 구조로 되어 있다. 산소만 차단할 수 있다면 냉장고에 넣지 않아도 맛이 오래간다.

저염 간장은 맛있는 제품이 적다. 저염을 바란다면 100엔숍에서 간장 스프레이를 사서 좋아하는 간장을 담아 사용량을 반으로 줄이는 편이 낫다. 저염 간장을 잔뜩 사용할 때보다 맛있게 저염할 수 있다.

생(生)간장에 대해서도 소개하겠다. 한자를 일본어로 '기조유'라고 읽으면 요리 용어로, 육수 간장이 아니라는 뜻이 된다. 무첨가인 일반 간장을 말한다.

한편 '나마조유'라고 읽으면 가열살균하지 않은 간장이라는 뜻이 된다. 정밀 여과하여 간장 속 미생물을 제거해서 가열살균은 하지 않았지만, 밀봉 병에 담아 상온에 두고 판매하는 경우가 많다.

비슷한 명칭으로 '생양간장'⑭이라는 종류가 있다. '기아게조유'라고 읽는데, 정밀 여과도 가열살균도 하지 않기 때문에 냉장 보관

깃코만 생간장(나마조유)

간장 기아게 보관 방법/냉장 보관 (5℃ 이하)

제품으로 판매되는 경우가 많다. 일본주(日本酒)에서 말하는 '무여과생원주(無濾過生原酒)' 같은 것으로 간장의 미생물이 살아 있다. 소비기한도 매우 짧고 유통되는 양도 정말 소량이다. 양조장 직판 매장 등에서 보이면 사서 맛보기를 바란다. 섬세한 간장인데 정말 맛있다.

무첨가 마루다이즈 간장 하나만 해도 전국의 수많은 간장 제조업체에서 정말 다양한 제품을 만든다. 그중에서 자신의 입맛에 맞는 맛있는 간장을 찾고 싶을 때 이용하면 좋은 가게가 '장인간장'이다. 전국의 간장을 취급하는 전문점으로, 모든 간장을 100ml짜리 작은 병에 담아 판매하여 자신의 취향에 맞는 간장을 찾기에 안성맞춤이다. 온라인몰에서도 살 수 있고, 매장에 방문하고 싶다면 도쿄의 마쓰야긴자 지하 2층이 이용하기 편리하다. 이 맛이 입에 딱 맞아! 싶은 간장을 찾으면 양조장에서 큰 사이즈로 사면 된다.

【간장을 고르는 조건】

- **무첨가**

- **마루다이즈인가**

- **나무통에 담갔는가**

원재료명

탈지가공 대두(대두(수입)), 밀, 소금, 포도당 시럽,
미림 / 알코올, 조미료(아미노산 등), 감미료(감초, 스테비아)

 원재료명

마루다이즈(국산, 분별생산유통관리함), 밀(국산), 소금

된장

된장은 콩과 쌀누룩으로 직접 만드는 사람이 있는가 하면, 된장국을 전혀 만들지도, 먹지도 않는 사람도 많다. 집에서 된장국을 먹지만, 된장을 사지는 않는 사람도 많고, 인스턴트 된장국이나 페트병에 든 '액상 된장'을 사용하기도 한다.

여기에서는 마트에서 컵된장을 살 때 선택하는 방법을 알려주고자 한다.

일단 된장의 분류부터 살펴보자. 콩과 쌀누룩을 합친 것이 쌀된장이다. 콩과 보리누룩을 합친 것이 보리된장이다. 콩만 쓴 것이 콩된장이다. 누룩의 종류가 다른 된장을 혼합한 것이 혼합된장(맞춤된장)이다. 같은 원료로 만드는 된장이라도 소금양이나 누룩

배합(원료인 콩 대비 누룩의 비율)의 차이에 따라 단맛이 나는 것과 짠맛이 강한 것이 있다.

그리고 같은 쌀된장이라도 짙은 적갈색을 띠는 적된장과 밝은 갈색을 띠는 백된장이 있는데, 이는 양조 온도, 양조 기간, 콩을 삶았는가 쪘는가, 누룩 배합 등에 따라 색을 달리하여 만든다.

컵된장은 원재료 표시를 보고 무첨가인 것을 고르자. 쌀된장이라면 '쌀, 대두, 소금'이라고 쓰여 있는 제품이 좋다. 나는 단맛이 나는 된장은 입맛에 안 맞아서 '대두, 쌀, 소금' 순으로 쓰여 있는 된장을 사는데 취향에 따라 고르면 된다. 주원료가 '쌀'이라면 쌀 누룩의 비율이 크다는 뜻이니 비교적 단맛이 나는 된장일 수도 있다.

다음으로 원료의 산지를 본다. 쌀도 콩도 국산이 좋다. 안전성을 바란다기보다는 맛이 더 좋아서다. 국산 콩으로 만든 된장이 더 맛있는 것 같다. 안전성을 중시한다면 수입 유기농 콩을 사용한 된장도 괜찮다. 국산 유기농 콩과 유기농 쌀을 사용한 된장이라면 완벽하다.

더불어 포장에 '천연양조'나 '자연양조' 등의 표기가 있는지 찾아본다. 양조 중에 가온하지 않고 숙성에 시간을 들인 맛있는 된장이 많다.

그리고 가능하면 생된장이 좋다. 된장의 발효균이 가열살균되지 않아서' 컵된장에 '통기구'가 뚫려 있다. 생된장을 알아보는 방법이기도 하다. 뚜껑 어딘가에 통기구가 있으니 찾아보자. 봉지 된장 중에서도 원재료 표시에 '주정'이라고 쓰여 있으면, 통기구가 없어도 생된장일 가능성이 크다. 효모를 술에 취하게 만들어 발효를 멈춘 것이다. 주정은 첨가물이지만 소주나 마찬가지고, 된장국을 끓이며 가열하면 알코올 성분은 날아가므로 걱정할 필요가 없다. 주정은 신경 쓰지 않아도 된다.

일본에서 가장 잘 팔리는 된장이 마루코메의 '육수를 넣은 요정의 맛❶❶❺인데, 같은 마루코메 제품 중에서 고른다면, '요정의 맛 무첨가 생'❶❶❻을 고르자.

최대 대기업인 마루코메는 제대로 된 무첨가 제품도 만든다. 말하자면, '요정의 맛 무첨가 생'❶❶❻을 사지 않는 소비자가 잘못하는 것이다. 소비는 투표다. 소비자가 질 좋은 제품을 추구하면 제조사도 질 좋은 제품을 만든다.

'요정의 맛 무첨가 생'의 '저염'❶❶❼제품도 괜찮다. 저염 간장을 찾는다면 간장 스프레이를 사서 사용량을 반으로 줄이라고 했는데,

된장 요정의 맛

된장 요정의 맛 무첨가 생

된장 요정의 맛 무첨가 생저염

된장은 사용하는 양을 반으로 줄이면 정말 맛이 없으니 대기업 제조사의 저염 된장 제품을 이용하자.

화학조미료, 착색료인 비타민 B2, 차아황산나트륨(표백제)과 같이 여러 가지 첨가물이 든 된장도 있다. 지금은 첨가물 표시를 별도로 하는 제품도 있으므로 정말 주의를 기울여야 한다.

【된장을 고르는 조건】
- **무첨가와 천연양조(자연양조)**
- **국산 콩 혹은 유기농인가**
- **통기구가 있는 '생'된장인가**

 원재료명

대두(분별생산유통관리함), 쌀, 소금, 가다랑어 추출물, 가다랑어 포 분말, 다시마 추출물 / 조미료(아미노산 등), 주정, (일부 대두 포함)

 원재료명

쌀(국산), 대두(국산), 소금

식초

식초는 간장이나 된장과 달리 염분을 과다 섭취할 염려가 없으므로 좋아하는 식초를 원하는 만큼 사용하면 된다. 초무침은 미네랄 흡수를 촉진하고 피로 해소에 도움을 주는 효과도 있다. 잘만 쓰면 저염 효과도 볼 수 있는 훌륭한 조미료다.

어떤 식초라도 첨가물이 적은 것을 선택하면 그것으로 충분하다. 사과식초든 발사믹식초든 와인비네거든 좋아하는 제품으로 섭취하면 된다.

여기에서는 쌀을 사용한 식초를 고르는 방법에 대해 알려주고자 한다.

먼저 곡물식초가 있다. 밀, 쌀, 옥수수 등 여러 가지 곡물이 균형 있게 블렌딩 된 식초로 일본에서 가장 인기가 많은 식초다. 그리고 곡물식초 중에 쌀식초가 있다. '곡물식초 중에서 쌀 사용량이 곡물식초 1L당 40g 이상인 것'을 쌀식초라고 한다. 원재료로 쌀 이외에 양조 알코올도 사용한다. 양조 알코올을 사용하지 않고 쌀과 물로만 만든 쌀식초를 순미식초라고 한다. 가장 좋은 것은 순미식초⑱다.

순미식초

생소할 테니 순미식초 제조 공정을 간단히

설명하겠다. 쌀을 쪄서 쌀누룩과 물을 넣고 전국을 만든다. 여기에 효모를 더해 알코올 발효로 술을 만든다. 이것을 여과하면 일본주 같은 상태가 된다. 그 술에 씨식초를 섞어 가온하고 아세트산균을 더하면 아세트산 발효가 일어나며 알코올 성분이 아세트산으로 변한다. 아세트산은 식초의 주성분이다. 그 식초를 숙성시켜 여과 및 살균하여 병에 담은 것이 순미식초로 판매된다.

이러한 공정 중에서 술을 만드는 공정이 힘들어서 일부 원재료에 양조 알코올을 사용한 것이 쌀식초다. 양조 알코올을 사용하지 않는 순미식초가 쌀식초보다 가격이 비싸다. 참고로 아세트산 발효에 의해서 알코올 성분의 대부분이 아세트산으로 바뀌기 때문에 식초의 알코올 농도는 0.2%로 극히 미량만 들었다. 알코올을 걱정할 필요는 없다.

순미식초 중에서도 정치발효법(静置醱酵法)으로 제조된 제품을 추천한다. 정치발효란 탱크 표면의 아세트산균이 80~120일에 걸쳐 천천히 시간을 들여 자연스럽게 알코올 성분을 아세트산으로 바꾸어 가는 전통적인 발효법이다. 일반적인 식초는 전면발효로 만들어진다. 기계를 이용하여 인공적으로 공기를 보내 하루 만에 발효를 끝내 버린다. 상당히 빠르게 식초를 만들 수 있지만, 정치발효로 만든 제품이 맛에 더 깊이가 있다.

백화점 지하 식료품 조미료 코너와 자연식품점, 생협택배에서는 정치발효 순미식초 제품이 반드시 있고, 원료인 쌀이 무농약이 거나 유기농이므로 구입을 적극 추천한다.

그 밖에도 추천할 만한 식초가 있다. 예를 들어 술지게미로 만 드는 '적초(박식초)'[119]는 어떠한가? 초밥용 밥에 어울릴 것 같다. 건강식초로 인기가 많은 '흑초'도 괜찮다. 현미를 원료로 하여 미 네랄이 풍부하다. 단, 시판 중인 '흑초음료[120](왼쪽)는 원재료에 주 의해야 한다. 블루베리 흑초나 요구르트 흑초 등이 이에 해당한 다. 인공감미료를 사용한 상품이 대부분이다.

식초를 샀다고 생각했는데 분류상 '조미식초'나 '청량음료'일 수 도 있다. 특히 조미식초에 주의해야 한다. 감칠맛 조미료나 인공감미 료 등 첨가물을 듬뿍 사용한 제품이 많다.

[120]의 오른쪽에 있는 '가고시마 항아리에 담근 흑초'는 진품 중 의 진품으로 간토 지방 마트에서도 쉽게 볼 수 있는데, 진짜 흑초

[119] 적초

[120] 블루베리 흑초, 가고시마 흑초

[121] 후지 식초

의 색이 가장 옅다.

⑫은 이오 양조 '후지 식초'의 좋은 점은 원료인 쌀이 무농약이라는 것이다. 직원과 손님과 함께 모내기, 혹은 벼 추수를 하며 무농약으로 쌀을 키우며 공을 많이 들인다. 나는 이런 제조사나 양조장에 힘을 보태고 싶다. 생산자부터 소비자까지 한마음으로 후세까지 이어나갔으면 한다.

그 밖에도 자연식품점에 가면 확실한 원료나 제조법으로 만들어진 상품 종류가 많으니 관심이 있다면 방문해 보기를 바란다.

초밥식초는 대체로 제대로 만들어진 제품들이다. 예를 들어 미쓰칸의 초밥식초가 첨가물투성이인가 하면 전혀 그렇지 않다. 오히려 '다시마 추출물'이 아닌 '다시마 육수'를 사용했다. 유전자변형 옥수수로 만든 액상과당을 사용해서 극찬할 수는 없지만, 꽤 신경 써서 만든 제품이다. 최대 대기업 상품이 이렇게까지 무첨가에 가까우면 그 이외의 제조사도 제대로 된 제품을 만들 수밖에 없다. 좋은 추세다. 참고로 초밥은 식초가 위에 올려진 재료의 미네랄 흡수를 돕기 때문에 추천하고 싶은 음식이다.

【식초를 고르는 조건】

● **순미식초는 정치발효로 만든 것**

● **첨가물이 적은 것**

원재료명

식초(양조식초, 쌀식초, 사과식초), 액상과당(국내제조),
설탕, 소금, 레몬과즙, 채소 육수, 다시마 육수 / 산미료, 조미료(아
미노산 등)

 원재료명

쌀(국산)

소금

나트륨도 미네랄의 일종이지만, 과다 섭취가 문제시되고 있으
므로 가정에서 사용하는 '소금'을 고를 때도 염화나트륨 이외의 미
네랄을 풍부하게 포함하는 제품이 좋다. 염화나트륨 순도가 높은
정제소금은 소금의 성분 표시를 보면 알 수 있다. 이러한 정제소금
만 거른다면 어떤
소금이든 취향에
따라 골라도 된다.

예를 들어 ⑫의
공익재단법인 소

소금사업센터의
소금

⑫

염분 50%를 낮춘
저염 소금

⑬

맛소금

⑭

금사업센터의 소금이다. 이런 제품이 바로 정제소금으로, 99.5% 이상이 염화나트륨이다.

⑫의 저염 소금이다. 염분을 50% 낮추었다는데 그럼 나머지 절반은 무엇이냐 싶다. 저염 소금은 나머지 절반이 염화칼륨이다. 염화나트륨의 나트륨 부분을 칼륨으로 대체한 성분이니 나트륨과 칼륨밖에 섭취할 수 없다. 따라서 의사에게 나트륨을 줄이라는 소리라도 들었다면 모를까 별로 추천하고 싶지 않은 제품이다.

⑫는 탄산마그네슘이 들었다. 미네랄이 풍부한 제품을 만들려는 목적이 아니라 병에 든 소금이 뭉치지 않고 보송보송함을 유지하도록 넣은 것이다. 해수 유래의 '간수'를 넣었더라면 마그네슘 이외의 미네랄도 폭넓게 섭취할 수 있는데 안타깝다.

제조 방법, 유래에 따라 소금 종류가 다양하다.

일본은 바닷물로 소금을 많이 만들어서 '바다 소금'이 일반적이지만, 세계적으로 생산되는 소금 대부분은 '암염(巖鹽)'⑫이다. 다

히말라야 핑크 솔트(암염), 아살 호수 소금

양하고 개성적인 맛이 나 고기 요리에 빼놓을 수 없지만, 깜짝 놀랄 정도로 염화나트륨 순도가 높다. 성분을 보면 정제소금이 아닐까 싶은 암염도 있다. 옛날

160

에 바닷물이 오랜 시간에 걸쳐 지층 안에서 잠들어 있는 동안 염화나트륨의 순도가 높아졌을 것이다. 따라서 풍미를 즐기는 용이지 다양한 미네랄을 보충하고자 사용하는 소금은 아니다.

그밖에도 암염만의 매력이 있다. 오랜 기간 산소가 없는 곳에서 잠들어 있던 소금이므로 항산화 기능이 있다고 여겨지며, 피부관리실에서는 활성산소 제거 미용효과를 기대하고 시술에 사용하기도 한다. 암염을 선호하는 이유는 한 가지 더 있다. 해수 유래 소금은 원전 사고로 인한 방사성 물질과 해양 오염 물질, 마이크로플라스틱이 들었을 우려가 있어 암염을 사용하기도 한다.

암염과 비슷한 소금으로 '호수 소금'도 쉽게 볼 수 있다. 역시 암염과 마찬가지로 염화나트륨의 순도가 높은 제품이 많다. 미네랄 보충이 아닌 맛의 개성을 즐기기 위한 소금이다.

일본에서 만드는 소금은 크게 세 가지로 나눌 수 있다. 이온교환정제염, 재생가공염, 자연해염(자연염, 천연염)이다. 이온교환정제염은 앞서 말한 정제소금이다. 이런 소금은 걸렀으면 한다. 재생가공염은 멕시코나 호주에서 천일염을 수입하여 용해하고, 여기에 간수 등을 첨가한 재생염을 말한다. '하카타의 소금'과 '아코의 천염' 제품 등이 유명하다. 염화나트륨 이외의 미네랄을 적당히 포함하여 저렴하면서도 좋은 소금이다.

자연해염도 크게 세 가지로 나눌 수 있다. 천일염, 히라가마 소금, 해수전건조염이다.

천일염은 소금이 결정을 이루는 데 인공적인 가열을 하지 않고 태양과 바람의 힘만으로 만든 소금이다. 일본의 염전은 폐지되어서 국산 천일염은 드문데, '바다의 정 호시오'와 '아구니의 소금 천일' 제품 등이 있다. 수입 제품으로는 베트남의 '카인호아의 소금'과 한국의 '갯벌 천일염' 등이 있다. 천일염의 특징은 염화나트륨 이외의 미네랄이 그다지 풍부하지 않다는 점일까. 물론 암염보다는 미네랄이 풍부하지만, 히라가마 소금에 비하면 미네랄이 풍부하다고 볼 수 없는 제품이 많다.

그럼 천일염의 매력이 무엇인가 하면, 어떤 메커니즘인지는 모르겠지만 미생물이 활발해진다는 점이다. 된장이나 김치를 담글 때 사용하면 발효균이 건강해지고 맛있게 만들어지는 기분이 든다(웃음). 히라가마처럼 넓적한 솥에서 가열하지 않아 바닷물의 미네랄 성분이 미생물이 이용하기 쉬운 형태로 들어있을지도 모른다. 간장 제조사에서 멕시코와 호주산 천일염을 많이 사용하는 데는 그런 이유와 관련이 있을 수도 있다.

다음으로 히라가마 소금은 바람이나 태양열을 이용하여 바닷물을 농축한 다음 히라가마에 졸여서 소금을 석출한 것이다. 일반적으로 자연해염이라고 하면 히라가마 소금을 말한다. 일본 전국 각지의 제염소에서 만드는 소금이다. 고속도로 휴게소나 기념품 가게에서도 판매된다. 제염소에 따라 미네랄을 어느 정도 남기고 만드느냐가 다르므로 미네랄 성분도 맛도 다양하다.

예를 들어 아마미오섬의 히라가마 소금❷⑥ 세 종류를 비교하면, '웃타바루의 마슈(왼쪽)', '아마미의 소금(가운데)', '가게로마의 소금(오른쪽)'의 100g당 나트륨 함량이 각각 33.0g, 36.7g, 30.2g이다. 나트륨양에 2.54를 곱하면 염화나트륨의 양이 되므로 100g당 식염상당량은 각각 83.8g, 93.2g, 76.7g이다. 염화나트륨의 순도가 낮은 '가게로마의 소금'이 가장 미네랄이 풍부한 소금이라는 뜻이다. 그러면 '가게로마의 소금'을 사야 하는가? 꼭 그렇지만은 않다. 간수 성분이 많으면 요리에 사용하기 까다롭다. 요리에 따라 어울리는 것과 어울리지 않는 것으로 나뉜다.

히라가마 소금의 특징은 어느 요리에도 잘 어울리고 맛있는 소금이 많은데, 그중에 어디에나 잘 어울리는 소금과 미네랄이 풍부하지만 사용하기 까다로운 소금이 있다는 점이다. 그러니 그날의 기분에 따라 좋아하는 소금을 사면 될 듯하다. 히라가마 소금은 평상시에 사용

웃타바루의 마슈, 아마미의 소금,
가게로마의 소금

유키시오

누치마스

하기 딱 좋은 자연해염이다.

마지막으로 해수전건조염은 바닷물의 미네랄 성분을 그대로 담은 소금이다. '유키시오'❼와 '누치마스'❽ 제품이 유명하다. 염화나트륨 이외의 미네랄이 매우 풍부해서 찬반양론으로 갈리는 소금이기도 하다. 몸에 좋지 않다는 의견을 내세우는 근거로는 해수전건조염에 많이 포함된 황산염이 장내 황산염환원균과 만나 황화수소를 발생시켜 장(腸)의 점막에 손상을 주기 때문이라고 한다. 채소에 든 유기황과 달리 소금에 포함된 무기황은 몸에 흡수되지 않아 장(腸)의 표면에서 황화수소를 생산하므로 너무 많이 섭취하면 안 된다는 것이다.

이에 대한 반론으로는 ①황산염환원균과 만나 황화수소를 만든다고 하지만 실제로는 장내 황산염환원균은 수소 쟁탈전에 져서 황화수소를 그다지 만들 수 없다. ②해수전건조염에 풍부한 황산염을 문제 삼는데 본래 장 내에는 황점액소와 같은 '내인성 황산염'이 존재한다. 장(腸) 상피의 배상세포 대부분은 항상 황점액소를 생산하고 있다. 그리고 생체에는 황화수소에 대한 방어기제도 갖추어져 있어 로다나제와 같은 효소가 황화수소 해독 작용에 관여한다. ③황산이온은 칼슘과 결합하여 황산칼슘이 된다. 황산칼슘은 물에 잘 녹지 않는 물질이라서 그대로 변으로 배출된다. ④현대인은 미네랄이 부족하여 해수전건조염을 통해 미네랄을 보충하는 사람이 많다. 황화수소가 생산된다고 하는데, 그렇다면 왜 냄새나는 방귀가 나오지 않는가, 등이 있다.

나는 미네랄이 풍부한 해수전건조염은 매력적이지만 황화수소에 대한 우려도 있으므로 만일에 대비하여 과하게 사용하지는 말아야겠다고 결론 내렸다. 평상시 사용하는 용도로 천일염이나 히라가마 소금을 구비하면 어떨까.

【소금을 고르는 조건】

● 다양한 종류의 미네랄을 섭취할 수 있는 것

유감 원재료명	영양성분표시(100g당)	
해염(해수(일본)) / 글루탐산나트륨 / 탄산칼슘 / 구연산나트륨	에너지	0kcal
	단백질	0g
	지방	0g
	탄수화물	0g
양호 원재료명	식염상당량	86.7g
	칼슘	953mg
해수	마그네슘	640mg
	칼륨	223mg

좋은 소금의 성분 표시 예

미림

미림(味醂: 소주, 찹쌀지에밥, 누룩을 섞어 빚은 다음 그 재강을 짜낸, 맛이 단 일본 술)은 달콤한 술이다. 찐 찹쌀에 쌀누룩을 섞고 소주를 넣어 60일 정도 숙성시킨 후 짜서 여과한 것이다. 발효가 아니라 당화 과정을 거쳐 만드는 것이 특징이다.

미림과 비슷한 조미료도 존재해서 미림 선택법은 설명하기 까다롭다.

①발효조미료(미림 타입 조미료, 양조 조미료, 가염 미림)는 미림과 마찬가지로 알코올 성분을 포함하지만, 소금을 첨가하여 음용으로 취급하지 않으며 주세가 부과되지 않는다. 알코올 성분도 염분도 포함하는 것이 발효조미료다. 요리 레시피에 따라 만들 때 미림 대신 발효조미료를 사용한다면 다른 데서 염분을 조절해서 한다.

②미림풍 조미료는 염분을 거의 포함하지 않고 알코올 함량도 1% 미만으로 미림의 풍미와 비슷해지도록 감칠맛 조미료, 물엿 등 당분을 첨가한 것이다. 미쓰칸의 '혼테리' 제품이 유명하다. '미림 타입'과 '미림풍'은 정반대. 알코올도 소금도 포함한 '미임 타입'과 알코올도 소금도 포함하지 않는 '미림풍', 참으로 복잡하다. 이와 구별하고자 미림은 앞에 본(本) 자를 붙여서 '혼미림'이라고 부른다.

혼미림에도 두 종류가 있는데, 표준적인 제조법으로 만든 것과 전통 제조법을 만든 것으로 나뉜다.

실제 상품을 살펴보자. ❷는 편의점에서 파는 미림이다. 알코올이 들어있고 염분이 들어있지 않으니 '혼미림'이다. 다만, 별로 추천하고 싶지 않은 '혼미림'이다. ⑬은 '다카라 혼미림'인데, ⑫보다 낮지만 여기에도 당류 등이 들었다. 이 제품 역시 '혼미림'이다.

⑬가 '양조 조미료'로, 순미요리주라는 상품명으로 파는 경우도 많다. '양조 조미료' '요리주'라고 쓰여 있는데, 요리가 짜지지 않도록 염분에 주의하며 사용해야 한다.

⑬의 '미림 타입 양조 조미료'는 화학조미료와 산미료 등이 들었다. 이것도 염분이 1.6% 이상 들었고 알코올도 들어간 소금 미림이다. ⑬의 '미림풍 조미료'는 미쓰칸의 '혼테리'다.

물론 ⑬의 '혼미림'도 괜찮은데, 더 강력하게 추천하고 싶은 것은 전통 제조법으로 만든 혼미림이다. 마트에서는 취급하지 않을지도 모르지만, 백화점 지하 식료품 코너나 고급 마트, 술을 취급하는 자연식품점, 온라인몰에서 살 수 있다. 몇 가지 제품을 소개

⑫ 혼미림 당류 양조 알코올

⑬ 다카라 혼미림
양조 알코올(국내제조),
당류(국내제조, 태국제조)

⑬ 순미요리주 쌀, 쌀누룩, 소금

167

하겠다. '후쿠라이준 숙성 혼미림'[134] '스미야분지로쇼텐 산슈미카
와미림'[135] '간쿄 전통제조법 혼미림'[136] '아이오이자쿠라 혼미림'[137]
'고코노에자쿠라 혼미림'[138] '아이자쿠라 준마이혼미림'[139] '잇시소텐
오가사와라미림'[140] 등이 있다. 어느 제품을 골라도 다 맛있다.

이온의 유기농 코너에서 '다카라 유기농 혼미림'[141]도 판매하는
데, 이 제품도 괜찮고, 이조차 없을 때는 '다카라 준마이혼미림'[142]
정도면 괜찮지 않을까. 전통적인 제조법으로 만들지는 않았지만,
우선 '혼미림'을 경험해 보자.

자연식품점에서 흔히 볼 수 있는 제품이 아지노이치 양조의
'맛의 어머니'[143]라는 발효조미료다. 전통적인 제조법으로 만든 혼
미림에 못지않은 좋은 제품이지만 발효조미료이므로 소금을 과다
섭취하지 않도록 주의해서 사용하자.

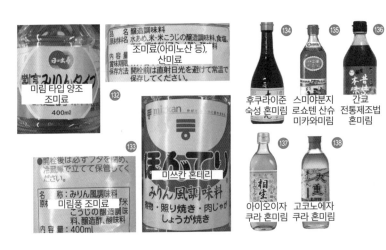

미림 타입 양조
조미료

132

133

미쓰칸 혼테리

미림풍 조미료

후쿠라이준
숙성 혼미림

스미야분지
로쇼텐 산슈
미카와미림

간쿄
전통제조법
혼미림

아이오이자
쿠라 혼미림

고코노에자
쿠라 혼미림

【미림을 고르는 조건】

● **혼미림**

● **첨가물이 적은 것**

유감 원재료명

찹쌀(태국산, 중국산, 국산), 쌀누룩(태국산 쌀, 중국산 쌀, 국산 쌀), 당류, 양조 알코올

양호 원재료명

찹쌀(국산), 쌀소주(자사제조)

아이자쿠라
준마이혼미림

잇시소덴 오가
사와라미림

다카라 유기농
혼미림

다카라 준마이
혼미림

아지노이치 양조
맛의 어머니

설탕

추천할 만한 설탕은 없다(웃음).

상백당(上白糖: 백설탕)과 그래뉴당은 미네랄이 포함되지 않는 정제당류이며 혈당을 급상승시켜 몸에

부담을 준다. 그런 의미에서 보면 액상과당 등 이성화액당도 마찬가지다. 그렇다고 '팔스위트'나 '슈거컷 S' 등 인공감미료가 든 제품을 추천할 수는 없다.

단 것의 유혹에서 벗어나는 길이 가장 이상적인 방법이겠지만, 현실적으로 조림이나 홈베이킹에 설탕이 빠질 수는 없다. 그럼 어떤 당류(감미료)가 그래도 나을지 생각해 보자.

미네랄 함량을 생각하면 흑설탕이 좋지만, 요리에도 홈베이킹에도 사용하기 까다롭다. 독특한 풍미가 있기 때문이다.

상백당과 마찬가지로 활용하기 좋고, 적당히 미네랄이 함유된 갈색 설탕을 '조당(粗糖: 정제하지 않은 설탕)'이라고 한다. 평상시 사용하기에는 조당이 괜찮지 않을까. 그리고 혼미림, 순수 꿀, 메이플 시럽, 흑설탕 등을 용도에 따라 구분하여 사용하면 좋다.

조당과 아주 비슷한 갈색 설탕으로 '삼온당(三溫糖: 정제한 설탕에 캐러멜 색소를 첨가하여 검은색이나 갈색을 띠게 만든 설탕가루)'[144]이 있는데, 바로 '갈색 상백당'이다. 미네랄을 거의 포함하지 않는다. 그중에는 '상품명이 삼온당인 조당'도 있어서 헷갈리는

(144) 삼온당
원과당, 캐러멜 색소

데, 집에서 사용하는 브라운 슈거가 조당인지 아닌지 확인하려면 태워 보는 것이 가장 빠르다. 버너형 라이터로 태웠을

때 타면 미네랄이 함유된 조당이다. 타지 않고 녹기만 한다면 미네랄이 부족한 정제당류임을 알 수 있다. 시험 삼아 그래뉴당을 태워 보라. 투명하게 녹기만 하고 타지 않음을 확인할 수 있다.

조당은 '조당' '조제당' '시마자라메(자라메는 굵은 설탕을 말함)' '세쌍당(洗双糖)'⑭⑤ 등 다양한 명칭으로 판매된다. 명칭이 '수수설탕'이라면 태워 봐야 조당인지 아닌지 알 수 있다. '첨채당(甛菜糖: 사탕무로 만든 설탕)'⑭⑥은 갈색이면 조당이고 흰색이면 상백당일 것이다. 태워서 확인해 보자.

미네랄이 함유되지 않은 상백당, 그래뉴당, 액상과당은 거르고, 당연히 인공감미료인 수크랄로스, 아스파탐, 아세설팜칼륨 등도 멀리하기로 하고, 그 이외의 당류(감미료)는 섭취했을 때 자신의 속이 불편하지 않다면 사용해도 괜찮지 않을까. 함께 미네랄을 보충하면서 사용하도록 하자. 트레할로스, 에리트리톨, 소비톨, 자일리톨, 말티톨, 아이소말툴로스(팔라티노스), 메이플 시럽, 순수 꿀, 물엿, 환원물엿, 스테비아, 나한과… 등등. 장(腸) 질환을 앓

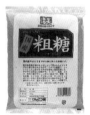

⑭⑤ 조당, 세쌍당, 시마자라메　　　　　　　⑭⑥ 첨채당

고 있다면 먹지 않는 편이 좋겠지만, 보통은 먹어도 괜찮다.

칼로리 제로인 자연파 감미료 '라칸토 S'는 인공감미료 미사용 제품으로 에리트리톨과 나환과로 만들었다. 마찬가지로 저칼로리 감미료 '마비'도 인공감미료 미사용 제품으로 환원맥아당(말티톨)을 사용해서 먹고 속이 불편하지 않다면 사용해도 괜찮다. 먹고 설사한다면 에리트리톨이나 말티톨이 맞지 않는 체질일 수도 있다.

꿀은 '가공 꿀'이 아닌 '순수 꿀'을 고르는 것이 좋다. 가능하면 국산 중에 신뢰할 수 있는 생산자가 만든 꿀이 좋다.

메이플 시럽은 '메이플 시럽'을 사자(웃음). 메이플 시럽과 비슷한 '케이크 시럽'이나 '메이플 타입 시럽'도 판매되고 있으니 주의해야 한다. 가능하면 유기농 메이플 시럽이 좋다.

아가베 시럽도 유기농 제품을 사는 것이 좋다.

흑설탕(흑당)⑭⑦에는 순흑당과 가공흑당이 있다. 가능하면 순흑당 제품이 좋겠지만, 가공흑당은 순흑당에 조당이나 당밀 등을 섞어 만들므로 가공흑당도 괜찮다.

흑설탕의 원재료 표시에서 '수산화칼슘'⑭⑧이 보이기도 하는데,

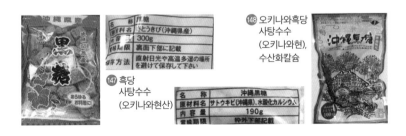

⑭⑧ 오키나와흑당
사탕수수
(오키나와현),
수산화칼슘

⑭⑦ 흑당
사탕수수
(오키나와현산)

172

신경 쓸 필요 없다. 상백당도, 자라메당도, 흑당도, 고급 설탕 와삼본도, 원료가 사탕수수든 첨채든, 어떤 설탕이든지 간에 거의 예외 없이 제조 공정에서 가공보조제로 식품첨가물인 '수산화칼슘(소석회)'을 사용한다. 가공보조제이므로 표시할 의무는 없지만, 제조사에 따라 원재료 표시에 쓰기도 한다. 따라서 신경 쓰지 않아도 된다.

흑설탕을 사용할 때는 보툴리누스균에 주의해야 한다. 꿀과 흑설탕은 1세 미만의 유아가 섭취하면 유아 보툴리누스증을 일으킬 수도 있으므로 먹이면 안 된다.

마지막으로 GI지수 이야기를 하고자 한다. GI지수(글리세믹 인덱스)란, 식품별 혈당치의 상승 정도를 포도당(글루코스)이 100이라고 했을 때 그 상댓값으로 나타낸 수치다. 설탕(수크로스)이 60~65 정도이고, 과당(프럭토스)은 20 정도다. 포도당보다 상당히 낮다. 과당을 섭취하면 확실히 살은 찌지만, 혈당 수치는 급상승하지 않는다.

⚠ 감미료 분류

식품 취급 감미료	에리트리톨, 말티톨, 락티톨, 환원팔라티노스, 환원물엿, 유당(락토스), 과당(프럭토스), 갈락토스, 전화당, 맥아당(말토스), 포도당(글루코스), 설탕(수크로스)
첨가물 취급 감미료	소비톨, 자일리톨, 마니톨, 트레할로스, 자일로스, 감초 추출물, 나한과 추출물, 스테비아 추출물, 타우마틴(토마틴)
될 수 있는 한 멀리하기	아스파탐, 아세설팜칼륨, 수크랄로스, 사카린, 네오탐, 애드반탐

그런데 인터넷상에서 GI지수를 검색해 보면 '상백당의 GI지수는 99로 높다'라든가 '그래뉴당의 GI지수는 110이다'라는 등 잘못된 정보를 게재한 사이트가 많다. 이런 정보는 참고하지 말자. GI지수를 알아볼 때는 시드니대학교에서 제공하는 데이터베이스를 검색하면 확실하다.

【설탕을 고르는 조건】

● 조당

마요네즈

큐피의 마요네즈 제품은 난황(卵黃: 노른자위)을 사용하고, 아지노모토의 마요네즈 제품은 전란(全卵)을 사용한다. 그런 차이가 있다고는 해도 두 제품 모두 조미료(아미노산)를 사용했으므로 가능한 한 첨가물이 적은 마요네즈로 바꾸어 보면 어떨까? 특히 '하프'나 '라이트'라는 말이 붙은 저칼로리 상품은 주의해야 한다.

마쓰다 마요네즈
달콤한 맛, 매콤한 맛

가케이엔
마요네즈

제대로 만든 마요네즈 제품으로는 '마쓰다의 마요네즈(달콤한 맛·매콤한 맛)'⑭⑨ '가케이엔 마요네즈'

⑮⓪ '피요마요'⑮① '히나타마콧코' '소켄샤 들깨 이치방 마요네즈' '소켄샤 홍화 마요네즈' '소켄샤 유정란 마요네즈' '무소 평사 유정란 마요네즈' '비오마르쉐 마요네즈' '자연의 맛 그대로 엄선 마요네즈' '대지를 지키는 모임 평사란 마요네즈' 등 다 쓸 수 없을 정도로 다양하므로 마음에 드는 것을 구매하자. 계란을 사용하지 않은 마요네즈라면 '오사와의 두유마요'⑮② 나 '기타야의 거의마요'⑮③ 등을 추천한다.

【마요네즈를 고르는 조건】

- '하프'나 '라이트'는 거르기
- 첨가물이 적은 것

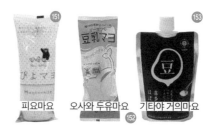

피요마요   오사와 두유마요   기타야 거의마요

유감 원재료명

식용식물유지(유채씨유(국내제조), 옥수수유), 달걀, 소금, 양조식초(양조식초, 포도식초, 곡물식초, 쌀식초), 설탕, 농축레몬과즙, 단백가수분해물(대두 포함) / 글리신, 유화제, 조미료(아미노산 등), 증점다당류, 카로티노이드 색소, 향신료 추출물, 산미료

양호 원재료명

식용유채씨유(국내제조) (비유전자변형), 달걀, 사과, 식초, 소금,
꿀, 머스터드, 마늘, 후추, 생강

케첩

토마토케첩은 아무 제품이나 골라도 괜찮다. 첨가물이 아주 적
은 조미료다. 대기업인 가고메, 델몬트, 하인즈, 테이블랜드, 나가
노 케첩 제품에는 모두 조미료(아미노산)를 사용하지 않았다. 걸
리는 원재료는 '포도당 시럽'이나 '액상과당' 정도일까? 이러한 고
과당 옥수수 시럽이 신경 쓰이는 사람은 '가고메 유기농 토마토 사
용 케첩'을 사면 된다. 유기농 토마토와 설탕을 사용했다. 아주 훌
륭한 제품이다.

대형 제조사가 제대로 된 상품을 내놓을 정도이니 자연식품점
에서 취급하는 케첩은 더
욱 훌륭하다. '히카리 식품
유기농 토마토케첩'**154** '오
사와의 토마토케첩', '소켄
샤 유기농 완숙 토마토 사

히카리 식품
유기농
토마토케첩
154

소켄샤 유기농
완숙 토마토 사용
케첩
155

다카하시소스
컨트리하베스트
유기농 프루티
케첩
156

용 케첩'⑮ '다카하시소스 컨트리하베스트 유기농 프루티 케첩'⑯ '비오마르쉐 유기농 토마토케첩' '비오랄 유기농 JAS 토마토케첩' 등 그 밖에도 다양해서 다 적을 수 없다.

케첩은 무첨가 제품이 많지만, 토마토소스나 피자소스에는 첨가물이 많으므로 주의하자.

【케첩을 고르는 조건】

● **첨가물이 적은 것**

유감 원재료명

토마토(수입), 설탕, 양조식초, 양파, 소금, 마늘 / 산미료

양호 원재료명

유기농 토마토, 유기농 설탕, 유기농 양조식초, 소금, 유기농 양파, 유기농 향신료

소스

주요 소스로는 돈가스 소스, 중농 소스, 우스터 소스가 있다, 지역에 따라 선호하는 소스가 크게 달라지는데 동일본에서는 중농

소스를, 서일본은 우스터 소스를 많이 사용한다고 한다. 돈가스 소스는 과일을 많이 사용하여 섬유질도 많고, 걸쭉하고 달콤하며 부드러운 식감을 지녔다. 우스터 소스는 채소나 과일의 섬유질이 적고, 식감이 산뜻하다. 중농 소스란 우스터 소스와 돈가스 소스의 중간이라는 뜻이다.

간토 지방의 대표 제품은 '불도그 중농 소스'⑮가 아닐까? 효모 추출물과 포도당 시럽이 들었지만, 조미료(아미노산)는 사용하지 않았다. 무첨가 중농 소스로는 '폴스타 RS 중농 소스'⑱가 있는데, 주원료가 양조식초여서 채소나 과일이 주원료인 제품보다 깔끔할 수 있다.

간사이 지방의 대표 제품은 '이카리소스 우스터'⑲일까? 이 역시 마찬가지로 효모 추출물과 포도당 시럽이 들었지만, 조미료(아미노산)는 사용하지 않았다. '가고메 양숙 소스 우스터'에는 아미노산액(단백가수분해물 같은 것)과 캐러멜 색소가 들었다.

서일본 지역에서는 오코노미야끼 소스도 즐겨 사용한다. '오타

⑲ 이카리소스 우스터

⑮ 불도그 중농 소스
당류(포도당 시럽, 설탕), 효모 추출물

⑱ 폴스타 RS 중농 소스
양조식초, 설탕, 야채·과일(사과, 토마토, 대추야자)

후쿠 오코노미 소스'에는 조미료(아미노산)와 아미노산액, 효모 추출물, 가공전분, 캐러멜 색소 등이 사용되어 미각파괴 트리오가 전부 들었으므로 추천할 수 없다. '카프 오코노미 소스'도 별다를 것 없이 단백가수분해물과 조미료(아미노산)가 들었다. '올리버 걸쭉 소스'도 미각파괴 트리오가 사용되었다. 오키나와에서 대표적인 'A1 소스'는 의외로 제대로 된 제품으로, 조미료(아미노산)를 사용하지 않았는데, 캐러멜 색소가 들어 조금 아쉬울 뿐이다.

중농 소스를 산다면 무첨가 유기농 제품이 좋은데, 마트의 유기농 코너에 가면 '불도그 유기농 중농 소스⑯'를 구할 수 있으니 이 제품이면 괜찮지 않을까. 자연식품점에서 흔히 볼 수 있는 제품으로는 '히카리 식품 유기농 중농 소스⑯'와 '다카하시소스 컨트리하베스트 오가닉 중농 소스⑯' 등이 있다. 물론 추천하고 싶은 제품들이다.

【소스를 고르는 조건】
- **주원료가 '채소·과일'**
- **가능한 한 첨가물이 적은 것**

불도그 유기농 중농 소스 ⑯

히카리 식품 유기농 중농 소스 ⑯

다카하시소스 컨트리하베스트 오가닉 중농 소스 ⑯

유감 원재료명

야채·과일(토마토, 대추야자, 양파, 기타), 당류(포도당 시럽(국내 제조), 설탕), 양조식초, 아미노산액, 소금, 주정, 간장, 향신료, 굴 추출물, 고기 추출물, 효모 추출물, 다시마, 단백가수분해물, 표고 / 증점제(가공전분, 증점다당류), 조미료(아미노산 등), 캐러멜 색소, (일부 밀. 대두. 닭고기. 돼지고기, 복숭아, 사과 포함)

양호 원재료명

야채·과일(유기농 토마토, 유기농 사과, 유기농 당근, 유기농 양파), 유기농 설탕, 유기농 쌀식초, 소금, 유기농 본양조간장(밀·대두 포함), 향신료, 맥아 추출물

가짜와 진짜 구분법 ~건강식품편

두부

두부는 콩의 영양을 섭취할 수 있는 식품이므로 어떤 두부 제품을 선택해도 좋지만, 여기에서는 내 나름대로 고르는 방법을 소개하고자 한다.

우선 응고제 종류를 확인한다. 그렇지만 응고제는 자세한 정보

를 표시할 의무가 없어 제조사에 따라서는 '응고제'라고만 쓰기도 한다. '조제해수염화마그네슘' 또는 '염화마그네슘 함유물'로 이른바 '해수 간수'라고 불리는 자연적인 응고제가 사용된 제품을 추천한다. 황산칼슘이나 글루코노락톤 응고제보다 낫다. 염화마그네슘도 '간수'이지만, 해수 간수가 더 좋다.

다음으로 콩의 산지에 주목한다. 국산 콩을 추천한다. 수입 콩이라도 유기농 콩이라면 괜찮다.

그리고 '진한 두유'라고 적힌 제품을 추천한다. '특농'이라고 쓰여 있는 제품도 있다. 진한 두유에는 영양가가 많다.

마지막으로 가능하면 '소포제 무첨가'라고 적힌 것이 좋겠다. 원재료 표시에 '소포제'라는 말이 없으니 소포제를 사용하지 않았겠죠? 그렇게 생각할 수도 있지만, 두부에 사용되는 소포제는 원재료 표시에 표시할 의무가 없다. 그러므로 포장 어딘가에 '소포제 미사용'이라고 쓰여 있는지를 살펴보자. 다만, 소포제의 성분이 주로 '비지'로 바뀌어서 두부를 고를 때 '소포제 미사용'인지 아닌지는 그다지 중요하지 않다(반대로 비지를 고를 때는 소포제를 사용하지 않은 제조사의 비지 제품을 사는 것이 중요하다).

정리하자면 응고제로 '조제해수염화마그네슘' 혹은 '염화마그네슘 함유물'을 사용한 두부 중에서 '국산 콩' 제품으로 고르면 되겠다.

제조법의 차이에 따라 '모멘 두부' '기누고시 두부' '주텐 두부'와 같은 종류들로 나뉘는데, 용도나 취향에 맞추어 고르면 된다.

원재료 표시에 '식물유지'라고 쓰여 있는 두부는 주의해야 한다. 간수를 유화제나 기름으로 코팅한 '유화 간수'라는 기술(첨가물)이 있다. 이것은 멀리하자. 소비자가 알기 쉽도록 포장에 '유화 간수 미사용'이라고 쓰여 있는 두부도 있다.

⑯은 '유화 간수, 소포제 미사용'을 표시한 예이다. ⑯는 응고제가 '글루코노락톤'과 '황산칼슘'이고, 수입 콩을 사용했다. 해수 간수와 국산 콩 제품이 좋다.

⑯는 응고제가 '염화마그네슘(간수)'이다. 확실히 이것도 '간수'이기는 하지만, 조제(정제와 반대로 거칠게 만든다는 의미)가 아니다. '조제해수염화마그네슘' 혹은 '염화마그네슘 함유물'이라고 표시된 해수 간수를 추천한다.

⑯은 응고제가 '조제해수염화마그네슘(간수)'이므로 해수 간수

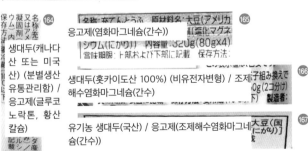

다. 국산 콩도 사용했고, 마트에서 산다면 이런 두부 제품을 고르는 것이 바람직하다.

⑯ 응고제가 해수 간수이고, 국산 유기농 콩을 사용했다. 더할 나위 없다.

【두부를 고르는 조건】

- **천연 해수 간수 ('조제해수염화마그네슘' '염화마그네슘 함유물')**
- **국산 콩 또는 유기농**
- **소포제 미사용**

 원재료명

생대두(캐나다 또는 미국) (분별생산유통관리함).
소금 / 응고제(염화Mg(간수)),
소포제(글리세린지방산에스터, 레시틴, 탄산Mg)

 원재료명

생대두(국산) / 응고제(조제해수염화마그네슘(간수))

낫토

낫토는 단백질, 지방, 탄수화물, 비타민, 미네랄 등 5대 영양소를 골고루 함유하고, 게다가 식이섬유도 풍부하므로 어떤 제품이라도 좋으니 섭취했으면 한다. 혈관에 생긴 혈전을 녹이는 작용으로 알려진 '나토키나아제'와 레시틴, 이소플라본 등 유효 성분도 포함한다.

가장 이상적인 것은 국산 유기농 콩과 볏짚에 사는 천연 낫토균을 사용한 전통 제조법으로 만든 볏짚낫토지만, 마트에서 쉽게 살 수 없다는 단점이 있다.

마트에는 다양한 종류의 낫토가 진열되어 있는데, 주로 '소스'만 다를 뿐이다. 안타깝지만 동봉된 소스는 대부분 첨가물로 가득하니 먹지 말자. 소스를 버리면 낫토 고르기는 간단하다. 원재료인 콩을 확인하고 사면 된다. 국산 콩 또는 유기농 콩 낫토를 추천하며, 굵은 입자인지, 작은 입자인지, 갈아 으깬 콩인지는 취향에

유기농 극소립 낫토   국산 대립 낫토   홋카이도 소립 낫토

따라 고르면 된다⑱.

　소스 대신 간장을 넣으면 되겠지만, 오메가3를 풍부하게 함유한 기름(들깨기름이나 아마인유 등)을 첨가하면 더욱 맛있고 건강하게 낫토를 먹을 수 있다. 이때 들깨기름이나 아마인유는 낫토가 담긴 발포폴리스티렌 용기에 직접 넣을 수 없으니 주의해야 한다. 용기가 변질되어 녹을 위험이 있다. 낫토를 다른 용기에 옮긴 다음에 섞거나 종이컵에 든 낫토를 사야 한다.

　　　　　　.

【낫토를 고르는 조건】

● **국산 콩 또는 유기농**

● **소스는 버리기**

유감 원재료명

【낫토】 생대두(미국 또는 캐나다) (유전자변형 혼입방지관리함), 쌀가루, 낫토균, (일부 대두 포함)

【소스】 단백가수분해물, 설탕혼합 포도당 시럽, 간장, 소금, 양조식초, 가다랑어포 추출물, 조미료(아미노산 등), 알코올, 비타민B1, (일부 밀·대두 포함)

【겨자】 겨자, 양조식초, 소금, 식물유지 / 산미료, 착색료(강황), 비타민 C, 증점다당류, 조미류(아미노산 등), 향신료, (일부 대두 포함)

양호 원재료명

【낫토】생대두(홋카이도산) (분별생산유통관리함), 낫토균
【소스】단백가수분해물, 간장, 설탕혼합 이성화액당, 양조식초, 소금, 가다랑어 추출물, 미림 / 조미료(아미노산 등), 주정, 비타민 B1, (일부 밀·대두 포함)
【겨자】겨자, 소금 / 산미료, 주정, 착색료(강황), 비타민 C, 증점다당류

※소스는 모두 NG

★유전자변형 표시

유전자변형 표시 제도가 이전과 달라졌다. 원재료인 콩이나 옥수수에 대해 '대두(비유전자변형)'이라고 표시하기 어려워졌다. 지금까지는 유전자변형 작물의 의도하지 않은 혼입이 5%이하면 표시할 수 있었지만, 이제는 거의 100% 불검출이 아니면 불가능하게 되었다. 엄격해졌다는 의미다.

앞으로는 5% 이하일 때 '대두(분별생산유통관리함)'이나 '대두(유전자변형 혼입방지관리함)' 또는

원재료 표시 범위 밖에 '유전자변형의 혼입을 막고
자 분별생산유통관리를 실시하고 있다'나 '대두는
유전자변형 제품과 나누어 관리하고 있다' 등으로
표기해야 한다.

콩이나 옥수수에 관해서는 의도하지 않은 혼입
을 막기 어려워서 '비유전자변형' 표기가 급격히 줄
어들 것이다. 감자 등은 분별관리가 쉬우니 앞으로
도 계속 표기하지 않을까. 예를 들어 국산 감자만
사용하는 과자 제조사라면 '감자(비유전자변형)' 표
기를 앞으로도 계속 볼 수 있을 것이다.

'대두(캐나다산)'처럼 산지만 있고 유전자변형
여부가 기재되지 않은 콩은 반드시 유전자변형이라
고 볼 수 없다. 이 제도는 유전자변형 작물에 대하
여 '대두(유전자변형)'이나 '대두(유전자변형 비분
별)' 등으로 기재해야 하는 의무를 지우는 제도로,
'비유전자변형'일 때는 유전자변형에 관해 기재해도
되고 생략해도 된다⑯⑨.

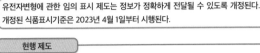

유전자변형에 관한 임의 표시 제도는 정보가 정확하게 전달될 수 있도록 개정된다. 개정된 식품표시기준은 2023년 4월 1일부터 시행된다.

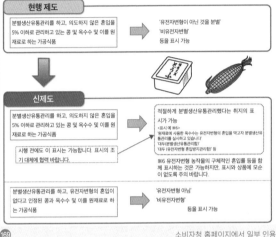

현행 제도

분별생산유통관리를 하고, 의도하지 않은 혼입을 5% 이하로 관리하고 있는 콩 및 옥수수 및 이를 원재료로 하는 가공식품

→ '유전자변형이 아닌 것을 분별' '비유전자변형' 등을 표시 가능

신제도

분별생산유통관리를 하고, 의도하지 않은 혼입을 5% 이하로 관리하고 있는 콩 및 옥수수 및 이를 원재료로 하는 가공식품

시행 전에도 이 표시는 가능합니다. 표시의 조기 대체에 협력 바랍니다.

→ 적절하게 분별생산유통관리했다는 취지의 표시가 가능
<표시 예 ※6>
'원재료에 사용한 옥수수는 유전자변형의 혼입을 막고자 분별생산유통관리를 실시하고 있습니다'
'대두(분별생산유통관리함)'
'대두 (유전자변형 혼입방지관리함)' 등

※6 유전자변형 농작물의 구체적인 혼입을 등을 함께 표시하는 것은 가능하지만, 표시와 상품에 모순이 없도록 주의 바랍니다.

분별생산유통관리를 하고, 유전자변형의 혼입이 없다고 인정된 콩과 옥수수 및 이를 원재료로 하는 가공식품

→ '유전자변형 아님' '비유전자변형' 등을 표시 가능

169

소비자청 홈페이지에서 일부 인용

유전자변형 대상 농작물은 콩, 옥수수, 감자, 유채, 목화씨, 알팔파, 첨채, 파파야, 겨자 등 아홉 가지 농작물이지만, 특례가 있다. 간장용 콩이나 식물 유인 콩이나 유채씨에는 유전자변형 표시 의무가 없다. 임의로 표시해도 되지만 의무는 아니라는 말이다. 식용유를 살 때 유전자변형 표기가 없더라도 유전자변형 콩이나 유전자변형 유채씨를 사용했을 가능성이 있다는 뜻이다. 이점을 주의하자.

절임과 매실장아찌

근처 마트에서 무첨가 단무지를 살 수 있을까? 무첨가 김치는 어떠한가? 무첨가 매실장아찌는 살 수 있을까? 좀처럼 살 수 없어 자연식품점이나 온라인몰을 이용하는 사람도 많을 것이다.

⑩은 4대 첨가물을 모두 사용했다. 인공감미료 수크랄로스와 아세설팜칼륨, 합성착색료 황색 4호, 합성보존료 소르빈산K, 화학조미료다. 나는 이러한 절임 제품을 '그랜드슬램'이라든가 '명예의 전당 입성'이라고 부르기도 한다(웃음). 당연히 추천할 수 없다.

시판되는 겉절이 소스에는 첨가물이 많은데, 마루아이식품의 '고지야진베 겉절이 소스'⑰는 무첨가 제품이라 추천할 수 있다.

⑫의 히카리식품 '겉절이 소스'도 괜찮다.

⑬은 염분 5.5%의 꿀 풍미 매실장아찌다. 화학조미료와 인공감미료 수크랄로스가 사용되었다.

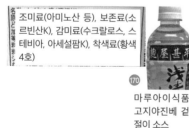

조미료(아미노산 등), 보존료(소르빈산K), 감미료(수크랄로스, 스테비아, 아세설팜K), 착색료(황색 4호)

⑩ 마루아이식품 고지야진베 겉절이 소스

⑰ 히카리식품 겉절이 소스

⑬ 꿀 풍미 매실장아찌 조미료(아미노산 등), 감미료(수크랄로스)

⑭는 염분 약 20%인 매실장아찌다. 원재료는 매실과 소금뿐이다. 이런 매실장아찌 제품이 바람직하다.

⑮는 일반적인 김치로 화학조미료를 사용했다.

⑯의 가나모토식품의 '엄선김치'는 화학조미료도 효모 추출물도 사용하지 않았다. 내가 마트에서 자주 사는 제품이다.

【절임과 매실장아찌를 고르는 조건】

● 첨가물이 적은 것

● 매실장아찌는 염분 15% 이상

예: 매실장아찌

유감 원재료명

매실, 절임 원재료(환원물엿, 양조식초, 소금, 발효조미료, 단백가수

난코 매실 (소금만 넣은)
소금으로 맛을 낸 짭짤함!
매실의 소박한 맛
염분 약 20%

⑭

숙성김치
조미료(아미노산 등)

⑮

엄선김치

⑯

분해물, 꿀) / 주정, 조미료(무기염), 산미료, 감미료(스테비아, 수
크랄로스), V.B1, 폴리글루탐산, 고추 추출물, 홉

 원재료명

난코 매실, 소엽, 소금(15%)

스낵 과자

추천하는 스낵 과자는 없지만, 이왕 먹는다면 조금이라도 영양
을 섭취할 수 있는 과자가 좋겠다. 이때 내가 지표로 삼는 것이 칼륨
의 양이다. 스낵 과자에 든 첨가물과 염분(나트륨)이 신경 쓰이는데, 나
트륨이 혈압을 상승시키는 반면 칼륨은 나트륨 배설을 촉진하여 혈압
을 낮추는 것으로 알려졌기 때문이다. 칼륨이 풍부하게 함유된 스낵 과
자를 고르면 염분 과다 섭취로 인한 악영향을 줄일 수 있지 않을까. 물
론 신장(腎臟) 기능이 저하
되어 의사에게 칼륨을 제
한하도록 지시받았다면 이
야기가 달라지겠지만, 그
렇지 않은 한 칼륨이 풍부

포테이토칩스
연한 소금맛

⑰

갓파에비센

⑱

한 스낵 과자를 골라야 한다고 생각한다.

영양성분표에 나트륨의 양은 '나트륨' 또는 '식염상당량'으로 기재되지만, 칼륨에 관한 정보는 없다. 그런데 대형 과자 제조사는 홈페이지에 각 제품의 칼륨양을 기재하기도 한다. 예를 들어 가루비 제품을 살펴보면, 포테이토칩스 연한 소금맛(80g)[177]에는 식염상당량 0.7g, 칼륨 742mg이 들었다.

갓파에비센(77g)[178]은 식염상당량이 1.3g, 칼륨은 77mg 들었다. '갓파에비센'에 염분이 더 많이 들었다는 사실에 놀라웠지만, 칼륨이 적은 데에도 깜짝 놀랐다. 사실 포테이토칩은 스낵 과자치고는 매우 준수한 편이다. 그 밖에 가라아게포테이토 연한 소금맛(72g)[179]은 식염상당량 0.6g, 칼륨 1354mg으로 경이로울 정도로 훌륭한 칼륨 수치를 기록했고, 자가리코 샐러드(57g)[180]는 식염상당량 0.8g, 칼륨 678mg. 자가비 연한 소금맛(40g)[181]은 식염상당량 0.2g, 칼륨 480mg으로, 감자 제품 종류는 우수한 결과를 보여주었다. '갓파에비센'은 주원료가 밀가루여서 칼륨양이 적다.

스낵 과자는 주원료가 밀가루나 옥수수인 제품보다 감자나 고구마,

가타아게포테이토 연한 소금맛

자가리코 샐러드

자가비 연한 소금맛

오사쯔스낵

콩인 제품을 추천한다. 감자칩 등 감자나, 고구마 스틱 등 고구마로 만든 과자가 좋다. '오사쯔스낵'⑱의 주원료는 고구마가 아닌 밀가루라서 추천할 수 없다. '삿포로포테이토'도 감자튀김이 아니라 밀가루가 주원료이므로 추천할 수 없다.

콩은 완두콩 스낵이 좋겠다. '가루비 사야엔도'나 '도하토 비노'보다 '세븐프리미엄 완두콩 스낵'이나 '이온 딱딱하게 구운 완두콩 스낵'⑱ '무인양품 소재를 살린 스낵 완두콩'⑱ 제품이 첨가물이 적어 추천할 만하다.

참고로 주원료가 옥수수라고 하면 옥수수 스낵을 말한다. 예를 들어 '메이지 칼' '야오킨 우마이보' '하우스 돈가리콘' '도하토 캐러멜콘' 등을 들 수 있는데, 감자, 고구마나 콩 과자와 비교하면 칼륨 양이 적다.

무첨가 감자칩은 마트나 온라인몰 등 다양한 곳에서 살 수 있다. '이온톱밸류 Free From 소금으로만 간을 한 포테이토칩스'⑱ '이온톱밸류 Free From 국산 소재로만 만든 쌀기름에 튀긴 포테이토칩스 연한 소금맛' '이온톱밸류 Free From 단단하게 튀긴 포테이

이온 딱딱하게 구운 완두콩 스낵
183

무인양품 소재를 살린 스낵 완두콩
184

이온톱밸류 Free From 소금으로만 간을 한 포테이토칩스
185

이온톱밸류 Free From 국산 소재로만 만든 쌀기름에 튀긴 포테이토칩스 연한 소금맛
186

토칩스'⑱ '노스컬러즈 무첨가 포테이토칩스' '소켄샤 포테이토칩스' '기쿠스이도 포테이토칩'⑱ '후카가와 유지공업 포테이토칩스' 등 모두 추천할 만한 제품들이다. 이온이 정말 잘해주고 있다.

영양적인 면에서 제대로 된 과자라고 하면 '아몬드피시'⑱를 꼽을 수 있다. 멸치와 아몬드와 참깨로 이루어져 각종 미네랄을 폭넓게 보충할 수 있는 점에서 좋다. 편의점이나 종합할인점 돈키호테에서 무첨가 제품을 손쉽게 살 수 있다는 것 또한 장점이다. 무엇을 살지 고민이 된다면 아몬드피시를 추천하겠다. 과자의 왕이다.

'아타리메'⑱도 괜찮은 제품이다. 원재료가 오징어와 소금뿐이다. 씹는 운동도 되고 단백질 보충도 이루어진다. 제대로 된 간식 역할을 한다. 첨가물투성이의 '오징어 진미채'와 착각하지 말자.

초콜릿 스낵 과자인 '글리코 카프리코'⑲는 대표 제품인 '자이언트 카프리코'를 사자. 아이들 간식으로 너무 크다면 '카프리코의 아타마'도 괜찮다. '카프리코 미니'만큼은 인공감미료인 아세설팜 칼륨을 사용해서 추천할 수 없다.

기쿠스이도 포테이토칩 ⑱

아몬드피시 ⑱

아타리메 ⑱

글리코 카프리코 자이언트

⑲

글리코 카프리코 미니, 아세설팜K

스낵 과자를 고르는 방법을 정리하자면 가능한 첨가물이 적고 칼륨 등 미네랄이 많이 든 제품이다. 그렇게 요약할 수 있겠지만, 칼륨은 채소 주스로도 보충할 수 있으니 첨가물이 든 스낵 과자를 먹더라도 어떻게든 해결할 방법은 있다. 편의점에서도 살 수 있는 채소 주스로는 '가고메 야채 하루에 이거 하나'[191]를 추천하고 싶다. 200ml당 칼륨 함유량이 410~1100mg이나 된다. 혹은 '이토엔 1일분 야채'[192]가 좋겠다. 200ml당 칼륨이 645mg이나 들었다. 스낵 과자의 염분에 대비하여 좋아하는 제품을 골라 함께 마시자. 괜찮아 보이는데 의외로 별로인 제품이 '가고메 야채생활100'인데, 칼륨이 140~590mg밖에 되지 않는다. 야채 100%가 아니라 과일도 사용한 것이 원인이지 않을까. 스낵 과자와 함께 마시는 용으로는 채소즙 100% 제품을 추천한다.

가고메 야채 하루에 이거 하나

이토엔 1일분 야채

【스낵 과자를 고르는 조건】

● **칼륨양이 많은 것**

● **인공감미료 미사용**

원재료명

콘그리츠(국내제조), 식물유지, 전분, 쇼트닝, 유당, 설탕, 치즈 파우더, 소금, 포도당, 단백가수분해물, 원유 등을 주요 원료로 하는 식품, 커피 크리머 파우더, 효모 추출물 파우더, 양파 파우더, 향신료, 덱스트린, 된장 파우더 / 가공전분, 조미료(아미노산 등), 향료, 중소, 파프리카 색소, 유화제 감미료(수크랄로스), 향신료 추출물, (일부 밀·유성분·대두 포함)

 원재료명

감자(국산), 식물유, 소금

초콜릿

초콜릿은 일괄표시의 '명칭'을 보자. '준초콜릿'보다 '초콜릿'을 추천한다. 카카오 분량이 많기 때문이다. 과자도 마찬가지로 '준초코릿과자'보다 '초콜릿과자'를 고르자.

미네랄을 보충한다는 의미로는 아몬드초코나 마카다미아넛츠초코 등 견과류가 들어간 제품이 좋다.

가능하면 무첨가 초콜릿 제품을 권하고 싶지만, 마트에서는 좀처럼 살 수 없으니 적어도 인공감미료를 사용하지 않은 초콜릿이 좋겠다. 특히 저탄수화물 초콜릿이 요주의 대상이며, 대개 인공감미료를 사용한다. 인공감미료도 설탕도 사용하지 않고, 당류도 전혀 들지 않은 초콜릿은 없겠죠? 싶겠지만 의외로 있다. 주원료로 말티톨 등 당알코올을 사용한 초콜릿을 찾으면 된다. 당알코올을 먹으면 속이 불편한 사람도 있으니 자신의 체질에 따라 먹도록 하자.

아름다움과 건강을 생각한 '고(高)카카오 폴리페놀' 초콜릿도 인기가 많은데, 맛이 상당히 쌉쌀하다. '카카오 95%'라는 상품도 있으니 쌉쌀한 초콜릿을 좋아한다면 추천한다. 카카오에 든 영양을 섭취할 수 있다.

안전성을 생각하면 유기농 초콜릿이 좋고, 사회나 환경을 생각하면 공정무역 초콜릿이 좋다.

그런 의미에서 이온톱밸류의 '오가닉&페어트레이드 다크초콜릿'⑲은 대단한 제품이다. 카카오 80%이고, 유기농이고, 공정무역 제품이다. 유화제와 향료를 사용해서 무첨가라고 할 수는 없지만, 상당히 괜찮은 초콜릿이다.

이온톱 밸류의 오가닉&페어트 레이드 다크초콜릿

⑲

초콜릿 유화제는 대개 콩 레시틴을 사용한다. 그래서 '유화제'라는 말이 있어도 걱정할 것 없지만, 이왕이면 '레시틴(대두 포함)'이나 '식물성레시틴(대두 유래)'라고 써줬으면 하는 바이다. 나는 레시틴이라고 쓰여 있는 초콜릿을 고르는 편이다.

'유화제'라는 일괄명 표시에는 폴리소베이트 80과 같이 장에 악영향을 미칠 수 있는 물질이 숨어 있을 수 있다. '레시틴'이라고 쓰여 있으면 폴리소베이트 80이 들었을까 걱정하지 않아도 되니 안심하고 먹을 수 있다.

아몬드 초콜릿 제품들을 비교하면 메이지는 '레시틴(대두 포함)'[194] 롯데는 '유화제(대두 포함)'[195] 글리코는 '유화제(대두 포함)'[196]이므로 나라면 메이지의 아몬드초코를 고르겠다.

초콜릿을 고르는 방법을 정리하자면 준초콜릿이 아닌 초콜릿을 고른다, '무첨가' 혹은 유화제가 아닌 '레시틴'이라고 쓰여 있는 제품을 고른다, 미네랄이 풍부한 견과류가 들어간 제품을 고르기를 추천한다.

메이지 아몬드초코

롯데 아몬드초콜릿

글리코 아몬드피크

【초콜릿 과자를 고르는 조건】
- 명칭에 '준'이 붙지 않고, '유화제'가 아닌 '레시틴'이라고 적힌 것
- 인공감미료 미사용

유감 명칭 준초콜릿

원재료명

설탕(외국제조 또는 국내제조), 식물유지, 밀퍼프, 전분유, 카카오
매스, 코코아파우더, 말토덱스트린 / 유화제, 광택제, 향료, (일부
밀·유성분·대두 포함)

 양호 명칭 초콜릿

원재료명

설탕(외국제조), 카카오매스, 전분유, 코코아버터 / 레시틴, 향료,
(일부 유성분·대두 포함)

아이스크림

아이스크림은 냉동으로 오래 보존하므로 소비기한이 없다. 샤
토레제의 제품에는 소비기한이 적혀 있지만, 일반적으로는 소비
기한이 없다.

아이스크림을 고르는 기본적인 방법은 먼저 아이스크림 표시의
‘식품유형’을 보자. 유성분의 양에 따라 아이스
크림의 종류가 정해지며 아이스크림, 아이스
밀크, 락토아이스, 빙과, 이렇게 네 가지로 구
분된다.

레이디보덴
바닐라

이 중에서 '아이스크림' 종류를 추천하는데, 아이스크림을 고를 때 가장 중요한 점이 있다. 바로 인공감미료를 사용하지 않은 제품을 고르는 것이다. 냉동고에서 아이스크림을 꺼내 원재료 표시를 확인하기 번거로울 테니 몇 가지 추천 제품을 소개하겠다.

롯데 제품 중에서 바닐라 아이스크림을 산다면, 물론 '레이디 보덴 바닐라'[197]가 제일 좋은데, '유키미 다이후쿠'[198]나 '소 바닐라'도 괜찮다. 그러나 '모나오 바닐라'에는 인공감미료인 아세설팜칼륨이 사용되었으므로 권하고 싶지 않다. 마찬가지로 '칼피스 아이스바'에는 아스파탐이 사용되었다.

바닐라 모나카를 산다면 모리나가 제과의 '바닐라 모나카 점보'[199]는 어떨까? 2022년 3월에 아세설팜칼륨이 빠지면서 추천할 만한 제품이 되었다.

'초코 모나카 점보'[200]도 괜찮다. 자잘한 얼음 조각 타입의 '아이스박스'에는 수크랄로스와 아세설팜칼륨이 사용되었으므로 주의해야 한다.

모리나가 유업의 제품들은 우수하여 '피노'[201] '모우' '팜'[202] '체리

유키미 다이후쿠

초코 모나카 점보

바닐라 모나카 점보

오' '비엔네타' 등 많은 제품에 인공감미료를 사용하지 않았다. '연유빙바'처럼 인공감미료를 사용한 제품도 있으니 모리나가 유업의 모든 아이스크림이 괜찮다는 말은 아니지만, 대체로 제대로 만든 제품들이다.

글리코 제품들도 우수한데, '파피코' '자이언트 콘'[203] '파납' '목장 시보리'[204] 등은 인공감미료를 사용하지 않는다. 그러나 저탄수화물 제품인 'SUNAO'는 수크랄로스를 사용했으므로 주의하자.

모리나가 유업의 '모우 바닐라'와 글리코의 '목장 시보리 깊은 풍미 밀크'는 저렴하면서도 식품유형이 아이스크림인 점이 대단하다.

자판기에서 파는 '세븐틴 아이스'도 글리코 제품인데, 안타깝게도 인공감미료를 사용한 것도 있다. 하지만 자판기라 원재료를 확인할 수 없다. 지뢰를 피하려면 에자키글리코 홈페이지에서 세븐틴 아이스 제품의 원재료를 확인하고 사도록 하자.

메이지의 '엣셀 슈퍼컵'[205] 시리즈도 인공감미료를 사용하지 않는다.

모리나가 유업 피노 [201]

모리나가 유업 팜 초콜릿 [202]

글리코 자이언트 콘 초코너트 [203]

글리코 목장 시보리 깊은 풍미 밀크 [204]

빙과 중에 후타바 식품의 '사쿠레' 시리즈에서 고른다면 오렌지, 백도, 팥, 파인 제품 중에서 고르자. 레몬 제품에는 인공감미료가 들었다. 아카기 유업의 '아삭아삭 군 백사와'에도 인공감미료가 들었다.

하겐다즈는 모든 제품이 제대로 만든 상품이다. 원재료를 확인할 필요가 없다. 아무것이나 좋아하는 맛으로 고르면 된다.

자연식품점이나 온라인몰에서 산다면 고치현 구보타식품의 아이스크림 제품을 추천한다. 여기 제품들도 원재료를 확인할 필요가 없다.

메이지 엣셀 슈퍼컵 바닐라

【아이스크림을 고르는 조건】

- '식품유형'에서 '아이스크림' 고르기

- 인공감미료 미사용

유감 원재료명

유제품(국내제조, 호주제조), 식이섬유(폴리덱스트로스), 꿀, 환원물엿, 원유 등을 주요원료로 하는 식품, 소금, 바닐라빈시드 / 향료, 유화제, 안정제(증점다당류), 조미료(아미노산 등), 감미료(수크랄로스), 카로틴 색소(일부 달걀·유성분 포함)

원재료명

유제품(국내제조, 뉴질랜드제조), 설탕, 물엿 / 유화제, 안정제(증점다당류), 향료, 착색료(채소 색소, 카로틴, 아나토)

빵과 면

흰 식빵은 미네랄이 부족한 데다 밀의 글루텐 성분을 먹으면 속이 불편한 사람도 있어서 추천할 만한 제품이 없다. 식빵에 마가린과 상백당을 발라 '슈거 마가린 토스트'를 즐긴다면 이로부터 어떻게든 벗어나야 한다.

단 것이 든 빵이나 조리빵(빵 사이에 조리한 가공식품을 넣은 빵을 말함)도 추천할 만한 제품은 없다. 단 것이 든 빵은 첨가물투성이에 당분 과다이며 미네랄이 부족한 제품이 많다. 마트에서 갓 구운 크루아상과 와플에도 인공감미료가 사용된다. 답이 없다.

빵을 사더라도 가능하면 국산 밀로 만든 제품이 좋다. 수입 밀을 사용하는 빵에서는 안전성이 의문시되는 제초제 '글리포세이트'가 검출될 가능성이 크기 때문이다. 이는 해외에서 수확 전에 글리포세이트를 살포하는 '프리하베스트 처리'를 인정하기 때문이다. 빵이나 면은 국산 밀을 사용한 제품으로 고르자.

예를 들어, 파스코의 '국산 밀 호두 롤'이나 '국산 밀 통밀가루로 만든 롤'[206]은 어떠한가? 미네랄도 섭취할 수 있고 국산 밀을 사용했다. 흰 식빵을 꼭 먹어야겠다면 세븐프리미엄의 '홋카이도산 밀의 금의 생식빵'[207]이 어떨까? 세븐일레븐에서 살 수 있고, 무첨가이며, 국산 밀로 만들었고, 마가린이 아닌 버터를 사용했다.

밀을 먹으면 속이 불편한 사람에게는 쌀가루 빵을 추천한다. 단, 모든 쌀가루 빵이 밀 미사용(글루텐 프리) 제품은 아니다. 쌀가루 빵인데 밀가루 글루텐을 포함한 제품도 있다. 밀을 먹지 않으려고 쌀가루 빵을 샀는데 글루텐이 들어있으면 의미가 없다. 원재료 표시를 잘 확인하고 골라야 한다.

우동이나 소면은 국산 밀을 사용한 무첨가 제품을 구매하도록 하자. 건면 제품이라면 그리 어렵지 않게 살 수 있다. 아마 국산 밀을 사용한 중국식 면은 쉽게 찾을 수 없을 것이다. 설령 국산 밀로 만든 제품을 발견하더라도 첨가물로 '소다수'를 사용한다. 미네랄이 부족해지는 원인인 중합인산염을 포함할 가능성이 있다. 라멘

파스코 국산 밀 호두 롤, 국산 밀 통밀가루로 만든 롤

세븐프리미엄 홋카이도산 밀의 금의 생식빵

(라면)이나 아끼소바를 먹을 때는 멸치나 참깨 등으로 미네랄을 보충하는 데 전념하고, 첨가물이나 밀의 산지는 포기하는 편이 빠를 수도 있다(웃음).

그래도 포기하고 싶지 않다면, 고바야시 생면사의 '글루텐 프리 무첨가 라멘'을 추천한다. 무첨가 제품이고, 쌀가루, 감자 전분, 옥수수 분말, 식초로 만들었다. 혹은 지넨조소바의 '3종 잡곡면'●을 추천한다. 밀도 소금도 사용하지 않았고, 무첨가 제품이고 조, 피, 수수, 타비오카 전분만으로 이루어져 있다.

파스타라면 캐나다 팅야다사의 현미 파스타●는 어떨까? 무첨가 제품이고, 현미만 들었다. 맛도 우리 입맛에 익숙한 제품이다.

봉지 인스턴트 라면이나 컵라면을 즐겨 먹는다면 되도록 자연식품점에서 '소켄샤'나 '오사와재팬' '사쿠라이 식품' 등의 제품을 골랐으면 하지만, 삿포로이치방의 '된장라멘'이나 닛신의 '컵누들'을 먹겠다면 반드시 멸치 분말을 뿌리고 그것으로 됐다고 치자.

● 팅야다 현미 파스타

● 지넨조소바 3종 잡곡면

【빵과 면을 고르는 조건】

● 체질에 맞는 것 고르기

● 첨가물이 적은 것

예: 식빵

 원재료명

밀가루, 당류, 식물유지, 빵효모, 팻 스프레드(마가린류 중에서 유지가 80% 미만인 것을 말함), 소금, 발효종, 탈지분 / 유화제, 아세트산Na, 호료(잔탄검), 이스트푸드, 감미료(스테비아), 향료, V.C, (원재료 일부에 유성분, 밀, 대두 포함)

양호 원재료명

밀가루(국내제조), 설탕, 크림(유제품), 버터, 발효종, 빵효모, 소금, (일부 유성분, 밀, 대두 포함)

예: 국수

 원재료명

밀가루(국내제조), 소금, 밀단백, 달걀흰자(달걀 포함) / 가공전분, 주정, 소다수, 유산나트륨, 치자 색소

원재료명

쌀가루(국산). 식초 / 증점제(잔탄검, 알긴산프로필렌글리콜),
치자 색소

가공식품

우유와 요구르트

온라인몰을 이용하면 꽤 자연에 가까운 우유를 살 수 있다. 예를 들면 이와테현의 나카호라목장에서는 초식 소를 풀을 먹여 키우고, 번식에도 자연교배, 자연분만, 모유포육 방식을 채택했다. 365일 24시간 밤낮으로 자연 방목한 소를 말한다. 그 우유는 비균질화 저온 살균으로 만든 훌륭한 제품이다. 그러나 이러한 우유는 마트에서 살 수 없으니 우선은 저온 살균 우유를 찾아보면 어떨까?

우유의 살균 방법은 크게 온도와 시간에 따라 '초고온 살균' '고온 살균' '저온 살균'의 세 종류로 나뉜다. 현재 일본 시판 우유의 90% 이상은 초고온 살균 제품으로, 120℃~130℃에서 2~3초간 짧은 시간 동안 살균 처리된 우유다. 이는 대량 생산에 적합한 살균 방법인

데, 단백질이 고온에 의한 열변성을 일으킨다는 문제점이 있다. 생유 (生乳)의 풍미도 잃는다. 유럽과 미국에서 초고온 살균 우유라고 하면 멸균팩 용기에 넣어 상온에서 보관할 수 있어 비상용 우유나 반려동물용으로 자리매김하고 있다. 그러나 일본에서는 이를 식혀서 일반적으로 판매하는 것이 현실이다.

고온 살균은 72℃~75℃로 15초간 가열, 저온 살균은 63℃로 30분간 가열한다. 이를 '파스퇴르우유'라고도 하며 마셨을 때 속이 편한 것이 특징이다. 살균 시 열에 의한 단백질 변성이 적어 우유의 단백질이 위에 도달하면 위산이나 효소 펩신에 의해 요구르트처럼 굳어진다. 그 덩어리들이 조금씩 녹으면서 장을 향하여 이동하며 소화 흡수가 천천히 이루어진다. 반면 초고온 살균 우유는 살균 시 초고온에 의해 단백질이 열(熱)응고된 데다가 호모지나이즈를 거쳐 세분되었기 때문에 위에서 충분히 굳어지지 않고 그대로 장으로 흘러간다. 장내 pH에 변화가 생겨 장내 환경이 나빠질 수 있다. 가정에서 모차렐라 치즈를 만들 때 일부러 저온 살균 우유를 사용하는 것은 초고온 살균 우유를 사용하면 치즈가 잘 굳지 않기 때문이다.

⑳ 저온 살균 우유

호모디나이즈란 생유에 포함된 지방구를 작게 만드는 공정으로, 호모디나이즈를 거치지 않은 우유를 논호모라고 한다. 보다 생유에 가까운 풍미를 즐길 수 있는 우유다. 저온 살균에 논호모 우유 제품이라면 더욱 강력하게 추천한다[20]. 저온 살균 우유의 단점은 가격이 비싸고 소비기한이 짧다는 점이다. 하지만 우유를 좋아하고 장이 약하다면 우유 마시기를 포기하기 전에 우선 저온 살균 우유로 바꾸어 보기를 권한다.

생각해 보면 '커피우유'라는 명칭을 보기 힘들어지지 않았는가? 사실 2003년에 정해진 '음용유의 표시에 관한 공정경쟁규약'의 개정으로 사용할 수 없게 된 말이다. '우유'라는 말 자체가 100% 생유 상품에만 사용할 수 있게 되면서 커피우유라는 상품명은 사라졌다. 현재는 '메이지 커피' '모리나가 카페오레' '도토루 카페라떼' 등과 같은 상품명을 사용한다.

요구르트 중에서는 무설탕 플레인 제품을 추천한다. 가능하면 생유 100%가 좋겠다. 생유 100%가 아닌 무당 플레인 제품의 경우 원재료 표시에 적힌 '유제품'이 무엇인지 궁금하겠지만 여기에 첨가물은 숨어 있지 않다. 요구르트에 사용되는 유제품이란 탈지분유나

전분유, 유지방을 말한다. 유산균이 들어 건강 효과를 기대할 수 있는 프로바이오틱스 요구르트는 원재료 표시를 자세히 보고 당류나 첨가물이 적은 제품을 고르자.

유성분을 멀리하고 싶거나, 혹은 식물 유래 유산균을 섭취하고 싶다면 무첨가 두유 요구르트를 마시면 좋다. 특히 국산 콩 두유를 사용한 제품을 추천한다.

【우유와 요구르트를 고르는 조건】

- 저온 살균 처리한 것
- 비(非)호모
- 생유 100%

예: 우유

 유감 원재료명

유제품(국내제조 또는 호주제조(5% 미만) 또는 기타(5% 미만)), 원유, 유단백질, 밀크칼슘 / 비타민 D

양호 원재료명

생유 100%

예: 요구르트

유감 원재료명

유제품(국내제조), 유단백질, 한천 / 향료, 감미료(수크랄로스)

양호 원재료명

우유(국내)

치즈

치즈를 고를 때 가장 중요한 점은 '치즈'를 사는 것이다(웃음). 치즈로 보이지만 명칭이 '원유 등을 주요원료로 하는 식품'일 때도 있다. 이런 제품에는 첨가물이 많이 들었으니 착각하지 않도록 하자.

치즈의 원재료를 확인하고 '유화제'라고 쓰여 있다면 그 제품은 거르자. 치즈에 든 유화제만큼은 중합인산염을 포함할 가능성이 있다. 치즈 이외의 가공식품이라면 '유화제'라고 쓰여 있어도 중합인산염이 숨어 있지는

도쿄데일리 향이 뛰어난 파르미지아노 블렌드

요쓰바 홋카이도 도카치 3종 치즈 호화 모차렐라 블렌드

않다. 슬라이스 치즈, 포션 치즈, 아기용 치즈 등에 유화제가 들어
있으므로 주의해야 한다.

역시 '식품유형'이 '가공치즈'인 제품보다는 '자연 치즈'인 제품
에 첨가물이 적게 들었다.

피자용 치즈 상품 등에서 '셀룰로스'라는 말을 볼 수 있는데, 이
는 식이섬유의 일종으로 치즈가 달라붙지 않도록 배합된 것이다.
셀룰로스가 든 것은 어쩔 수 없는 듯하다. 셀룰로스마저도 싫다면
마트에서 살 수 있는 치즈가 없다.

참고로 셀룰로스를 사용하지 않은 피자용 치즈도 있다. 도쿄데
일리의 '향이 뛰어난 파르미지아노 블렌드'[212]는 파우더 상태의 파
르미지아노 레자노가 치즈끼리의 결착을 방지하므로 셀룰로스를
사용하지 않는다. 요쓰바의 '홋카이도 도카치 3종 치즈 호화 모차
렐라 블렌드'[213]도 셀룰로스 미사용 제품으로 추천한다.

안주용 치즈라면 카망베르 치즈가 좋다. 자연치즈이고 원재료
는 생유와 소금뿐이다. 가루 치즈도 원재료가 생유와 소금뿐인 제
품을 고르자.

【치즈를 고르는 조건】
- **'명칭'이 '치즈'일 것**
- **유화제가 들어있지 않은 것**

원재료명

자연치즈(외국제조), 가공치즈, 한천, 단백가수분해물, 덱스트린 /
유화제, 가공 전분, 향료, 조미료(아미노산)

 원재료명

자연치즈(생유, 소금)

버터

버터는 간단하다. 버터❹를 선택하기만 하면 된다(웃음). 버터
와 꼭 닮은 마가린은 권하고 싶지 않다. 예를 들어 유키지루시의
'버터 같은 마가린', 네오소프트의 '맛의 깊이가 있는 버터 풍미', 라
마의 '버터 애호가를 위한 마가린' 등이 해당한다. 그렇게 버터가
좋다면 버터를 사지 그래! 싶다(웃음).

인기가 많은 '버터 풍미 오일'은 버터향을 낸 '유채씨유'이므로 추천
할 수 없다.

메이지의
'튜브로 버터
1/3'도 인기인

유키지루시 홋카이도 버터

요쓰바 버터

모리나가 홋카이도 버터

213

데, 이 제품은 3분의 2가 '옥수수유'이므로 별로 추천하고 싶지 않다.

【버터를 고르는 조건】

● '명칭'이 버터인 제품 고르기

 원재료명

식용정제가공유지(국내제조), 식용식물유지, 소금, 분유 / 유화제, 향료, 착색료(카로틴), (일부 유성분·대두 포함)

 원재료명

생유(국산), 소금, (일부 유성분 포함)

생크림

생크림은 '순생크림'[215]이라고 쓰여 있는 제품을 사면 된다. 식품유형이 '크림'으로, 메타인산나트륨 등 첨가물이 들지 않았다. 이런 제품이 진짜라고 할 수 있다.

다카나시 특선 홋카이도
순생크림 42

요쓰바 무첨가 순생크림

상품명에 '프레시' '휘핑' '순유지'가 들어간다면 주의해야 한다. 이런 제품들은 순생크림이 아니라 '원유 등을 주요원료로 하는 식품'일 가능성이 있다. 원재료 표시를 확인해 보라. 아마도 메타인산나트륨 등의 첨가물이 들었을 것이다. 추천할 수 없는 제품들이다.

참고로 가짜 제품이 더 손쉽게 사용할 수 있고, 부드러운 휘핑을 만들기 쉽다. 진짜 순생크림을 사용하면 부드러운 휘핑을 만들기가 상당히 어렵다.

【생크림을 고르는 조건】
- **'식품유형'이 '크림'인 제품 고르기**

유감 원재료명

식물유지(국내제조), 유제품 / 유화제, 메타인산Na, 안정제(타마린드), 향료, 카로틴 색소, (일부 유성분·대두 포함)

양호 원재료명

크림(국내제조), 생유

★ 마트를 고르는 법 '지표식품으로 확인'

전국 각지의 처음 가는 마트에서 '첨가물이 적은 식품을 살 수 있는 마트인가?'를 판별하는 나만의 확인 항목이 있으니 소개하겠다.

나는 이를 마트 지표식품(指標食品)이라고 부른다. 이런 제품들을 살 수 있는 곳이라면 '좋은 마트'라고 할 수 있다.

❶ 국산 레몬 혹은 곰팡이 방지제 미사용 레몬

❷ 저온 살균 우유

❸ 순생크림

❹ 무착색 명란젓, 겨자 명란젓

❺ 무첨가 김치

먼저 이 5항목을 확인해서 4항목 이상에서 합격했다면, 다음 항목들도 확인해 본다.

❻ 평사(平飼: 닭을 땅바닥이나 뜰에서 사육함) 난(卵)

❼ 유기농 바나나

❽ 무첨가 혹은 유화제 미사용 크림치즈

❾ 전통 제조법으로 만든 혼미림

❿ 무첨가 감자칩

되도록 합격 항목이 많은 '좋은 마트'에서 쇼핑을 보자. 합격 항목이 적은 마트는 저렴한 가격을 내세우는 마트다. 그것도 하나의 전략이니 부정하지는 않겠지만, 나는 그런 곳에 별로 가지 않는다.

이전에는 지표식품 항목에 '무염지 소시지'도 있었는데, 어느 마트에 가도 닛폰햄의 '앙티에'라는 무염지 소시지 제품을 살 수 있게 되어 항목에서 제외했다. 닛폰햄이 애 많이 썼다.

햄과 소시지

햄과 소시지의 첨가물 중에서는 '인산염'과 발색제 '아질산나트륨'에 주의해야 한다. 인산염은 홀그레인 머스터드나 케첩 등을 뿌려 미네랄이 풍부하도록 만들어 먹으면 문제가 되지

신슈햄 그린 마크 로스

굵게 간 비엔나 소시지

217

않고, 발색제는 '무염지'라고 적힌 상품을 사면 아질산나트륨을 사용하지 않은 제품을 고를 수 있으니 대처할 수 있다.

마트에서 쉽게 볼 수 있는 무염지 제품으로는 신슈햄의 '그린마크'[216], 닛폰햄의 '숲의 향기'[217] 시리즈, 닛폰햄의 '앙티에'[218] 시리즈 등이 있다. 마트에서는 이러한 제품들을 사면 되는데, 무염지 제품이어도 인산염이나 단백가수분해물이 든 경우가 많으니 가능하면 무첨가 제품을 사면 좋겠다.

마트에서 산다면 훈제클럽 '구라시키하나사쿠라햄'의 소시지나 베이컨이 무첨가 제품이니 추천한다. 나도 자주 사 먹는다.

온라인몰이나 자연식품점에서는 무첨가 햄과 소시지를 '냉동'으로 판매한다. 많은 제조사에서 무첨가 제품을 제조하니 찾아보기 바란다.

한 가지 주의할 점이 있다. 아질산나트륨 미사용(무염지, 무첨가) 제품인 햄과 소시지는 혹시 모르니 보툴리누스에 대비하여 가열하여 먹도록 하자(118페이지 참조).

닛폰햄 숲의 향기

[217]

닛폰햄 앙티에

[218]

【햄과 소시지를 고르는 조건】

● '인산염'을 사용하지 않은 것

● '아질산나트륨' 미사용 제품(무염지 제품)

● '단백가수분해물'도 가능하면 피하기

예: 로스햄

 원재료명

돼지고기로스(수입 또는 국산(5% 미만)), 달걀단백, 식물성단백, 난소화성덱스트린, 소금, 포크 추출물 조미료, 유단백 / 조미료(무기염 등). 증점다당류, 인산염(Na) 산화방지제(비타민C), 치자 색소, 발색제(아질산Na), 감미료(수크랄로스, 아세설팜K), 향신료 추출물, (일부 계란·유성분·대두·돼지고기 포함)

 원재료명

돼지고기로스(수입), 소금, 환원물엿, 물엿 / 조미료(아미노산 등), 인산염(Na), (일부 돼지고기 포함)

예: 소시지

 유감 원재료명

돼지고기(수입 또는 국산(5% 미만)), 돼지기름, 당류(물엿, 설탕), 소금, 향신료 / 조미료(아미노산 등), 인산염(Na), 산화방지제(비타민 C), pH 조정제, 발색제(아질산Na), (일부 돼지고기 포함)

 양호 원재료명

돼지고기(수입 또는 국산(5% 미만)), 돼지기름, 당류(물엿, 설탕), 소금, 향신료 / 조미료(아미노산 등), 인산염(Na), 산화방지제(비타민 C), pH 조정제, 발색제(아질산Na), (일부 돼지고기 포함)

명란과 명란젓

마트에서 명란이나 명란젓을 살 때는 무착색 제품을 사는 것이 좋다. 사실 발색제(아질산나트륨)도 사용하지 않은 제품을 사라고 하고 싶은데 찾기 힘들다. 극히 일부 마트나 생협택배, 온라인몰이 아니면 무첨가 명란, 무첨가 명란젓을 살 수 없다.

세븐일레븐 겨자 명란젓

'우리 동네 마트에는 무착색 제품조차 없는걸' 그런 상황이라면 편의점에 가보라. 편의점에서는

대개 무착색 또는 합성착색료를 사용하지 않은 명란과 명란젓
제품을 판다.

세븐일레븐의 '명란젓 주먹밥'은 홍국 색소를 사용했지만, 아질
산나트륨은 사용하지 않았다. 주먹밥에 합성착색료나 아질산나트
륨을 사용하지 않는다는 자체기준이 있는 듯하다. 훌륭한 자세다.

【명란과 명란젓을 고르는 조건】

● **무착색 제품**

> **유감** 원재료명
>
> 명태난소(러시아 또는 미국), 소금, 발효조미료, 어장, 고추 / 소비톨,
> 조미료(아미노산 등), 산화방지제(V.C), pH 조정제, 향신료, 효소, 발
> 색제(아질산Na)

> **양호** 원재료명
>
> 명태난소(홋카이도), 소금, 혼미림, 올리고당, 청주, 효모 추출물,
> 고추, 가다랑어포 추출물, 양조식초

어묵 제품

가마보코, 지쿠와, 사츠마아게, 한펜, 어육소시지 등 어묵 제품

을 고를 때는 감칠맛 조미료인 '조미료(아미노산)'나 보존료 '소르빈산' '소르빈산K'을 사용하지 않는 제품을 추천한다.

냉동 내성을 높이는 소비톨(소바이트)도 많이 쓰이는데 특별히 신경 쓰지 않아도 되고, 어육소시지의 산화방지제 '에리소르빈산나트륨'도 크게 신경 쓸 필요 없다. 다만 보존료인 소르빈산과 명칭이 비슷하니 주의하자.

가마보코가 하얗게 보이도록 넣는 유화제(자당지방산에스터)나, 신선도가 금세 떨어지는 원료의 보존성을 향상하는 pH 조정제(푸마르산)도 특별히 멀리하지 않아도 되지만, 그래도 가능하면 사용하지 않는 편이 좋다.

홍백 가마보코나 게맛살을 살 때는 착색료에 주의해야 한다. 적색 색소 중에서 타르 색소라고 불리는 색소를 멀리해야 한다. 적색 3호, 적색 102호, 적색 106호 등이 해당한다. 이른바 합성착색료다. 천연색소(천연착색료) 중에서는 코치닐 색소(카민산 색소)나 랙 색소보다 홍국 색소, 토마토 색소, 파프리카 색소 등을 사용한 적색 어묵을 추천한다.

어묵 제품에서 가장 주의해야 할 점은 주원료인 어육 반죽에 미네랄 부족의 원인인 '중합인산염'이 숨어 있다는 점이 아닐까. 표시 의무가 없으므로 원재료 표시로 판단할 수 없다. 꼭 미네랄을 보충해서 함께 먹는 편이 좋겠다. 중합인산염은 모든 어묵 제품에 사용된다고 생각하자.

만약 포장에 '무(無)인 다진 살 사용' 등의 문구가 있다면 중합 인산염을 사용하지 않았겠지만, 일반적인 마트에서 구하기 어려운 것이 현실이다. 자연식품점이나 생협택배 등을 통하면 '무인' 제품을 살 수 있다. '벳쇼카마보코' '마루토타카하시토쿠지 상점' '이치우로코' '미요시카마보코' '시노미야카마보코' '고바야시카마보코' '가와노스미리텐' '요시가이

노카마보코' 등의 제조사가 유명하다. 오다와라카마보코의 대기업인 '스즈히로카마보코'[220]도 인산염을 사용하지 않는 것으로 알려져 있다.

스즈히로카마보코 [220]

【어묵 제품을 고르는 조건】

- '조미료(아미노산)', 보존료 '소르빈산', '소르빈산K'를 사용하지 않은 것
- 합성착색료도 조심하기
- 인산염이 숨어 있을 가능성이 크므로 미네랄을 보충하면서 먹기

원재료명

어육(대구(미국), 조기), 난백, 설탕, 소금, 전분, 해산물 추출물, 식물성 단백, 발효조미료(청주지게미, 소금), 혼미림, 식물유, 단백가수분해물 / 조미료(아미노산 등), 가공전분, 조개Ca, 착색료(코치닐), (일부 달걀·대두 포함)

 원재료명

어육(조기, 대구), 설탕, 난백, 미림, 소금

육수와 콩소메

팩으로 포장된 육수를 고를 때는 원재료에 '아미노산'이나 '추출물' 등의 표시가 없는 제품을 골라야 한다. 인공적인 감칠맛 조미료를 사용한 육수는 맛있지만, 맛있는 것에 비해 미네랄은 섭취할 수 없다. 말린 멸치가 주원료인 '멸치 맛'과 가다랑어포가 주원료인 '가다랑어 맛' 중에서 고를 수 있다면, 맛있는 '가다랑어 맛'이 아니라 미네랄이 풍부한 '멸치 맛'을 고르자.

육수 간장이나 면 육수를 고르는 방법도 마찬가지다. '아미노산'이나 '추출물' 등의 표시가 없는 제품을 선택하면 된다. 면 육수는 농축 타입보다 스트레이트가 더 맛있다. 무첨가 스트레이트 제품을 찾아보자.

말린 멸치를 고를 때는 가능한 한 멸치 크기가 큰 제품을 선택한다. 크기가 5cm 이하인 멸치는 미네랄이 우러나와 빠져나간 상태다. 멸치 크기가 큰 제품은 사용하기 불편하다면 말린 멸치 분말을 이용하는 것도 방법이다. 더불어 말린 멸치 포장에 '해수에데친다'는 문구가 있는 제품이 좋다. 바닷물에 데치면 민물에 데쳤을 때보다 미네랄도 남아 있고 맛도 좋다. 산지로 보면 이부키지마산이나 나가사키산 말린 멸치가 바닷물에 데치는 듯하다.

닭뼈 국물이나 콩소메는 마트에서 제대로 된 제품을 고르기가힘들다. 무첨가라고 쓰여 있어도 주원료가 소금이나 덱스트린이어서 효모 추출물과 단백가수분해물이 들어있는 제품이 많다.

조금 비싸지만, 자연식품점 냉동 코너에서 파는 아키카와보쿠엔의 '도리가라수프'㉑나 히카리 식품의 치킨 콩소메㉒를 추천한다. 화학조미료, 단백가수분해물, 효모 추출물 미사용이라고 쓰여 있다.

아키카와보쿠엔
도리가라수프

221

히카리 식품 치킨
콩소메

화학조미료,
단백가수분
해물, 효모 추
출물 미사용

222

【육수와 콩소메를 고르는 조건】

● '아미노산'이나 '추출물' 표시가 없는 것

예: 육수

 원재료명

풍미원료(가다랑어포, 말린멸치 추출물 파우더(정어리), 구운 날치, 눈퉁멸포, 다시마), 전분분해물, 효모 추출물, 소금, 분말 간장, 발효 조미료

 원재료명

말린멸치(정어리(국산)), 고등어포(고등어(국산)), 가다랑어포(가다랑어(국산)), 건조다시마(국산))

예: 치킨 콩소메

 원재료명

유당, 소금, 닭고기, 식용유지, 닭 추출물, 효모 추출물, 덱스트린, 닭기름, 양파, 간장, 향신료 / 조미료(아미노산 등), 캐러멜 색소, 산미료, (원재료 일부에 밀 포함)

양호 원재료명

닭 뼈 국물(닭 뼈(국산), 소금), 소금, 유기농 간장(대두·밀 포함), 설탕, 유기농 양파, 유기농 당근, 유기농 양배추, 유기농 셀러리, 향신료

중국식과 맞춤 조미료

마트에서 살 수 있는 조미료는 아지노모토 쿡두, 니혼슛켄, 마루미야 등 여러 가지 제조사의 제품들이 있는데, 소거법으로 가보자. 미각파괴 트리오 중에서 단백가수분해물만은 멀리하고, 조미료(아미노산)는 참거나 최선이 아닌 차선인 제품으로 찾자. 가다랑어포 추출물이나 다시마 추출물에는 단백가수분해물이 숨어 있을 수 있으므로 주의해야 한다. 사려는 제품에 든 첨가물이 조미료(아미노산)와 가공전분뿐이라면 차라리 운이 좋다고 생각하라. 쿡두의 '사천식 마파두부용'❷❷❸은 마루미야의 마파두부보다 낫다.

쿡두 사천식 마파두부용

에스비 이금기 시리즈 회과육

에스비의 이금기(李錦記) 시리즈❷❷❹도 마트의 맞춤 조미료 중에서는 그래도 낫다.

일본에서 가장 잘 팔리는 전골육수는 미쓰칸의 '참깨 두유 전골 육수'인데, 조미료(아미노산)와 효모 추출물이 들었고, 아미노산액은 단백가수분해물의 일종일 테니 미각파괴 트리오가 모인 제품이다. 물론 추천할 수는 없지만, 간 깨, 깨 페이스트, 콩 분말, 두유가 듬뿍 들어 많은 미네랄을 섭취할 수 있다. 그런 점에서는 별로 비판하고 싶지 않다(웃음).

자연식품점이나 온라인몰에서 사야 하겠지만, 맞춤 조미료로는 히카리 식품의 '유기농 마파 소스'⑳를 추천한다. 문제 삼을 점이 하나도 없고, 굴 추출물에 단백가수분해물이나 효모 추출물이 숨어 있지도 않다. 애초에 유기농 인증 제품이니 당연하다. 역시 히카리 식품의 제품답다. '유기농 고추잡채 소스'와 '유기농 회과육 소스' 제품 등도 있다.

여담이지만, 히카리식품의 맞춤 조미료를 싱겁다고 느끼는 사람도 있다. 조미료(아미노산)도 가공전분도 들어있지 않기 때문이다. 그럴 때는 마루산미타쇼텐의 '도로미짱'⑳이라는 과립 녹말 제

히카리식품
유기농 마파 소스

마루산미타쇼텐
도로미짱

품을 추천한다. 감칠맛이 강해지도록 염분이나 간장을 더하는 것이 아니라, 걸쭉함을 더하면 혀가 더 쉽게 감칠맛을 느끼게 된다. 원재료는 홋카이도산 감자 전분뿐이다.

나에게 도로미짱은 빼놓을 수 없는 아이템으로, 저어주면서 휙 뿌리기만 하면 뭉치지 않고 걸쭉함을 더해준다.

【맞춤 조미료를 고르는 조건】

- **최선이 아닌 차선 제품 고르기**
- **단백가수분해물은 멀리하기**

 원재료명

[마파두부 소스] 닭고기(국산), 설탕, 간장, 소금, 쌀식초, 두반장, 참기름, 추출물(닭·효모), 콩기름, 단백가수분해물, 발효조미료 / 조미료(아미노산 등), 착색료(캐러멜, 카로티노이드), (일부 밀·참깨·대두·닭고기·돼지고기 포함)
[점성 분말] 전분, 생강분말, 파, 마늘분말

 원재료명

유기농 간장(유기농 대두(국산), 유기농 밀(국산), 소금), 유기농 쌀된장(대두 포함), 유기농 감자전분, 유기농 쌀 발효조미료, 유기농 설탕, 유기농 마늘 퓌레, 채소(유기농 생강, 유기농 양파), 유기농 쌀식초, 어장(오징어 포함), 고추, 다시마, 굴 추출물, 소금

카레 루

일본에서 하우스의 '버몬트 카레'[227](2021년 5월 조사)가 가장 인기 있는 제품이라고 해서 안심했다. '자와카레' '고쿠마로카레' '인도카레' 등 하우스의 카레 루 제품 대부분에 인공감미료 수크랄로스가

하우스 버몬트 카레

들었지만, 버몬트 카레에는 사용되지 않았다. 하우스 제품 중에서는 버몬트 카레를 추천한다.

에스비 제품 중에서라면, '혼비키 카레'에는 인공감미료가 들어있으니 '도로케루카레'나 '디너카레'[228]가 좋겠다. '골든카레'는 인공감미료를 사용하지 않지만, 미각파괴 트리오가 들었으므로 추천할 수 없다.

사실 카레 루가 아니라 에스비의 '카레가루'[229]를 사면 좋겠다. 하지만 요리하기가 힘들다. 나는 어떻게 하는가 하면 스리랑카의 '카레의 항아리'[230]라는 카레 페이스트를 사용한다. 무첨가, 동물성 원재료 미사용, 밀가루 미사용 제품이다. 익숙해지면 아주 맛있게

에스비 디너카레

에스비 카레가루

카레의 항아리
스파이시

마일드

오리지널

만들 수 있다. '카레의 항아리'만 사용하면 걸쭉함이 부족해서 '도로미짱'도 넣는다.

【카레 루를 고르는 조건】

● **인공감미료 미사용 제품**

 원재료명

식용유지(소기름 돼지기름 혼합유(국내제조), 팜유, 밀가루, 전분, 소금, 카레 파우더, 설탕, 소테카레 페이스트, 양파 파우더, 양파 가공품, 참깨 페이스트, 덱스트린, 향신료, 탈지대두, 전분유, 마늘 파우더, 단백가수분해물, 효모 추출물 가공품, 포도당, 로스트갈릭 파우더, 치즈 가공품, 농축 생크림, 향미채소풍미 파우더, 효모 추출물, 치즈파우더 / 조미료(아미노산 등), 캐러멜 색소, 유화제, 산미료, 향료, 감미료(수크랄로스), 향신료 추출물, (일부 유성분·밀·참깨·대두 포함)

 원재료명

토마토 페이스트, 양조식초, 레몬그라스, 소금, 양파, 쌀, 마늘, 생강, 코코넛오일, 건조코코넛, 양강근, 기타 향신료

신선식품

달걀

'개방형 닭장' 혹은 '평사'라고 적힌 달걀을 고르자. 달걀 포장에 안전한 사료를 사용했다는 문구가 있다면 더할 나위 없다. 안전한 사료란, 예를 들어 'Non-GMO'라고 적혀 있다면 사료에 쓰이는 옥수수나 두박이 비유전자변형 원료라는 것을 알 수 있다.

'PHF'는 포스트하베스트 프리를 말하며, 'PHF 사료 사용'이라고 쓰여 있으면 수확 후 곰팡이 방지 및 방충 목적으로 농약을 살포하지 않은 사료를 사용한다는 뜻이다.

자연식품점에 가면 유기농 사료를 먹이고 평사에서 사육한 '오가닉 달걀'을 살 수 있다. 살 수 있다면, 이 제품이 가장 바람직하다.

마트에서 달걀을 산다면 우선 달걀 코너에서 '개방형 닭장'이나

평사 달걀

'평사'를 찾아보자. '빛과 바람이 드는 닭장' 이런 식으로 표현하기도 한다. 이런 제품이 없다면 사료의 안전성을 고려한

오가닉 달걀

PHF 평사 달걀

사람과 지구에게 착한 쌀의 달걀이 나왔습니다! 야소하치 달걀

달걀을 추천한다.

이런 제품이 전혀 없다면 아무것이나 괜찮다. 단 것이 든 빵이나 컵라면보다 달걀을 사는 편이 훨씬 낫다.

【달걀을 고르는 키워드】㉓

- **개방형 닭장**
- **평사**
- **PHF**
- **Non-GMO**

고기

일반적으로는 흑모화종 차돌박이를 주면 정말 반기겠지만, 나는 달갑지 않다. 살코기가 맛있는 소고기를 먹었을 때 훨씬 행복하다. 고기 맛이 진하고 불필요한 지방분이 적은 고기다. 퍼석하고 고기 맛이 나지 않는 살코기는 싫지만 그만큼 차돌박이도 싫다. 가능하면 그래스페드비프의 살코기가 좋겠다. 그래스페드비프란 일본

태즈메이니아 비프

내추럴 포크

233

에서 많이 유통되는 소고기와 달리 목초만을 먹고 자란 소의 고기를 말한다. 살코기가 많은 육질과 소를 키울 수 있는 양질의 환경 때문에 '건강한 소고기'로 알려져 있다. 마트에서는 좀처럼 살 수 없어서 온라인몰을 이용하여 구하는 경우가 많다.

마트에서는 소고기, 돼지고기, 닭고기 등 무엇이 되었든 항생제와 합성항균제를 사용하지 않은 제품을 골랐으면 한다. 이온의 '태즈메이니아 비프'[222]는 아쉽게도 그래스페드비프는 아니지만, 사료에 성장호르몬제, 항생제, 유전자변형 작물, 육골분을 사용하지 않는다. 제법 괜찮은 제품이다.

이온의 '국산 내추럴 포크'[223]는 유전자변형 사료, 항생제 및 합성항균제를 사용하지 않고 키운 돼지고기다. 유전자변형 곡물(옥수수, 두박)도 사용하지 않았다. 훌륭하다.

이온의 '순휘계'[224]는 병아리가 성조로 성장하는 모든 기간에 항생제와 합성항균제를 일절 사용하지 않는다. 추천하고 싶은 제품이다.

이처럼 항생제나 합성항균제가 사용되지 않은 닭고기는 전국의 마트에서 살 수 있다. 매장의 표시를 잘 살펴보자. '항생제 미사용'이라는 말이 쓰여 있을 것이다. 예를 들어, '겐넨도리' '난부도리' '사이·사이·

TOPVALU
グリーンアイ
natural
純輝鶏
Wellness Chicken [Junkikei]
抗生物質·合成抗菌剤の入った
이온 순휘계
항생제 및 합성항균제가 든 사료를 사용하지 않는다.
※단, 질병 예방을 위해 백신은 투여한다.
[224]

도리' '계왕' '쓰쿠바아카네도리' '조슈도리' '가미야마도리' '아와스
다치도리' '호네부터아리아케도리' '운젠시마바라도리' '특별사육
분고도리' '사쓰마 허브 유젠도리' '겐코사키도리' '난고쿠겐키도리'
등이 항생제와 합성항균제를 사용하지 않은 닭고기다.

【고기를 고르는 키워드】

- **유전자변형 사료 미사용**

- **항생제 미사용**

- **합성항균제 미사용**

생선

마트에서 참치회를 살 때는 물론 양식보다 천연 참치를 추천하
지만, 더 중요한 점이 있다. 바로 첨가물 표시를 확인하는 일이다.
생선회에 첨가물이 들어간다고? 그런 의문이 들겠지만, 사실 가공
된 회도 많다.

생선회의 원재료 표시에 '식
물유지' '어유(魚油)' 'pH 조정제'
'산화방지제' 등이라고 쓰여 있
으면 '뱃살 가공한 참치'다. 그런

ASC 인증받은 은연어

제품은 권하고 싶지 않다.

다듬어진 소금 절임 연어를 살 때도 양식보다 천연을 추천한다. 다만 선어는 '양식'의 표기가 의무이지만, 소금에 절인 연어는 가공식품이므로 양식 여부를 표기할 의무가 없다. 실제로 양식인데 양식 표기가 없는 경우도 많다. 그래서 연어의 종류에 따라 양식인지 천연인지 판단하면 좋다. '은연어'는 대개 양식이지만, '홍연어' '백연어(가을연어)'는 천연이다. 나는 자주 다듬어진 홍연어를 사고는 한다. 양식 제품을 절대 사지 않는다는 말은 아니고, ASC 인증을 받은 '은연어'[235]를 사기도 한다. ASC 인증이란 양식에 관한 국제인증제도로 자연환경 오염 및 자원 과다이용을 방지하고, 근로자 및 지역주민과 성실한 관계를 구축하고 있는 수산물에 부여되는 인증이다.

마찬가지로 홍연어를 살 때도 되도록 MSC 인증 제품을 사는 편이다. 천연이 좋다고 해서 남획된 생선은 사고 싶지 않다. MSC 인증이란 수산자원과 해양환경을 고려한 지속 가능한 어업을 통해 잡힌 수산물에 주어지는 인증이다. 이온에서는 'MSC 인증 소금

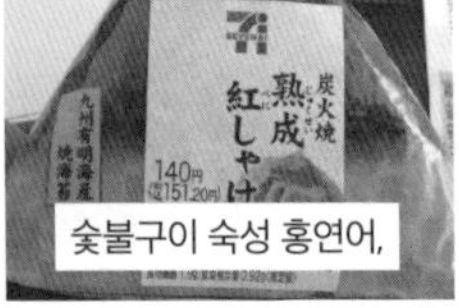

숯불구이 숙성 홍연어,

천연 홍연어 [236]

통통하게 살이 오른 꽁치 간장맛 [237]

절임 홍연어'를 살 수 있다.

편의점에서 '연어 주먹밥'을 살 때 '구운 연어' '소금 절임 연어' 제품은 연어의 종류를 알 수 없다. '홍연어'라고 적힌 주먹밥을 사도록 하자.㉖

등푸른생선 중에서는 꽁치를 애용한다. 전갱이, 고등어, 정어리와 비교하면 수명이 짧아서(약 2년) 축적된 수은, 다이옥신, 방사성 물질의 양이 적다. 통조림도 무첨가 꽁치 통조림㉗이 가장 좋다. 어획량이 줄어들면서 꽁치 가격이 비싸지는 바람에 속상하다.

꽁치, 고등어, 정어리 등푸른생선 통조림은 생선을 날것 상태로 캔에 넣어 가압 및 가열살균하여 통조림으로 만들기 때문에 생선에 든 미네랄이 그대로 남아 있어 매력적이다. 더불어 뼈째로 먹을 수 있어서 칼슘도 섭취할 수 있다. 그런 관점에서 등푸른생선 통조림은 참치캔을 추천한다.

마트에서 포장하여 파는 깐 새우㉘도 첨가물 표시를 확인하자. '천연 새우'에도 'pH 조정제' '인산염' '조미료(아미노산)' '조미료(무기염)' '아황산염' 등의 첨가물이 사용되니 주의해야 한다. 그리고 일반적인 수입 양식 새우는 인공 사료나 항생제를 사용하는 집약형 양식으로 키워서 배수로 인한 수질오염이나, 양식지를 만드는 과정에서 일어나는 환경파괴가 문

ASC 인증 받은 깐 새우 ㉘

제시되고 있다. 양식 새우는 항생제나 합성항균제를 사용하지 않은 ASC 인증 새우 또는 생협 등에서 취급하는 '에코 슈림프' 제품을 추천한다.

【생선을 고르는 키워드】
- 항생제와 합성항균제 미사용 ASC 인증
- 해양환경을 고려하여 어획한 MSC 인증
- 수명이 짧아 방사선이 적게 축적된 생선(꽁치 등) 고르기

마치며

첨가물을 예민하게 신경 쓰는 사람과 전혀 신경 쓰지 않는 사람의 동거는 힘들다. 식사 취향이 다르니 말이다. 특히 아내와 시어머니의 식사 취향이 맞지 않으면 고생한다.

저는 '가족과 싸우면서까지 멀리해야 할 첨가물은 없다'고 생각한다. 예를 들어 아내에게 "아이에게 이런 반찬을 먹이면 안 돼. 직접 만들어야지." 그런 식으로 말하면 조만간 별거하게 된다. 반대로 시어머니에게 "이런 과자 먹이지 마세요! 항상 주지 말라고 했잖아요!" 그렇게 말하면 역시나 싸움이 벌어진다. 함께 사니 첨가물을 신경 쓰는 쪽이 참을 수밖에 없는데, "이 과자를 더 좋아하는 듯하니 다음부터는 이걸로 살까." 이처럼 상냥하게 말하면 서로 싸우는 일이 없어지지 않을까 싶어서 이 책을 썼다.

아이가 첨가물을 섭취하지 않도록 한다고 해도 어릴 때는 식사를 통제할 수 있지만, 대학생이나 사회인이 되면 감독할 수도 없으니 어떻게 할 방법이 없다. 장래에 첨가물을 전혀 신경 쓰지 않는 사람과 결혼할지도 모른다.

편의점이나 마트에서 판매되는 가공식품을 무첨가투성이로 만드는 것이 가장 이상적인 방법이다. '원재료 표시를 전혀 보지 않는 사람이 편의점에서 감자칩을 샀는데 무첨가 제품이었다' 그런 사회로 만들고 싶다. 그러면 아이에게 주의가 미치지 않아도 안심할 수 있다. 그러기 위해서는 모두가 함께 '첨가물이 적은 제품을 사는' 적극적인 구매를 해야 한다고 생각한다. 매일 쇼핑을 하면서 투표하는 셈이니 자신의 손자 세대까지 남아 있었으면 하는 상품을 샀으면 한다.

문제는 소비자들 대부분이 '싸고 맛있다'가 진리라고 생각한다. 저는 조금 비싸더라도 첨가물이 적은 상품을 사며 힘을 보태고 싶다. 사실 대기업 제조사들도 양심적인 무첨가 상품을 개발하여 판매하고 있다. 하지만 그런 상품은 대부분 어느샌가 사라져 버린다. 조금 비싸다는 이유로 팔리지 않기 때문이다. 아주 조금 비싸더라도 모두가 무첨가 제품을 사게 되면 대형 제조사도 무첨가 제품을 계속 판매하게 된다.

많은 사람이 나라에서 인가한 첨가물을 신경 쓰지 않는다. 첨가물을 비판하는 자세를 보이면 무시당하거나 고립되거나 대립하는 일이 생긴다. '무첨가 식품 사는 걸 좋아해, 즐겁거든' 그런 자세로 자연식품 팬을 조금씩 늘려가고 싶다. 이 책이 자연식품 '추천 활동'에 도움이 되기를 바란다.

나카토가와 미츠구

저자

나카토가와 미츠구 Mitsugu Nakatogawa

1969년에 가나가와현에서 태어났다. 식품용 기계제조사, 청주제조사, 떡제조사, 간장제조사 근무를 거쳐 NPO법인 식품과생활의안전기금에서 주로 가공식품의 미네랄 성분과 식품첨가물 '인산염'을 조사했다. 독립한 후에는 식품기업의 품질관리와 판매지원을 맡고 있다. 동시에 전국 각지를 돌며 미네랄 부족과 첨가물에 관한 강연을 열고 있다. 일반 사단법인 내쥬럴&미네랄식품어드바이저협회의 대표이사이자 가공식품 저널리스트로 활동 중이다.

옮긴이

박수현

일본 와세다대학교 제1문학부 영문학과를 졸업하였다. 현재 번역 에이전시 엔터스코리아 일본어 전문 번역가로 활동하고 있다.

주요 역서로는 《잘 그리기 금지》《생각 하나 바꿨을 뿐인데》《유저 인터뷰 교과서》《셰익스피어의 말》《잠 못들 정도로 재미있는 이야기: 통계학》《무로이 야스오의 캐릭터 작화 연습 노트》《혼자 공부하는 영어습관의 힘》《사이토 나오키의 일러스트 첨삭 레슨 Before & After》《보석상 리처드 씨의 수수께끼》 등이 있다.

워스트 첨가물
이것만큼은 멀리해야 할 인기 식품 구별법

1판 1쇄 발행 2024년 8월 14일

지은이 나카토가와 미츠구
옮긴이 박수현
발행인 최봉규

발행처 지상사(청홍)
등록번호 제2017-000075호
등록일자 2002. 8. 23.
주소 서울특별시 용산구 효창원로64길 6 일진빌딩 2층
우편번호 04317
전화번호 02)3453-6111, 팩시밀리 02)3452-1440
홈페이지 www.jisangsa.com
이메일 c0583@naver.com

*잘못 만들어진 책은 구입처에서 교환해 드리며, 책값은 뒤표지에 있습니다.